Jyoti Kataria

Promoção da saúde mundial: Tirar partido da IA para o Objetivo 3 do ODS

Jyoti Kataria

Promoção da saúde mundial: Tirar partido da IA para o Objetivo 3 do ODS

ScienciaScripts

Imprint
Any brand names and product names mentioned in this book are subject to trademark, brand or patent protection and are trademarks or registered trademarks of their respective holders. The use of brand names, product names, common names, trade names, product descriptions etc. even without a particular marking in this work is in no way to be construed to mean that such names may be regarded as unrestricted in respect of trademark and brand protection legislation and could thus be used by anyone.

Cover image: www.ingimage.com

This book is a translation from the original published under ISBN 978-620-7-46547-7.

Publisher:
Sciencia Scripts
is a trademark of
Dodo Books Indian Ocean Ltd. and OmniScriptum S.R.L publishing group

120 High Road, East Finchley, London, N2 9ED, United Kingdom
Str. Armeneasca 28/1, office 1, Chisinau MD-2012, Republic of Moldova, Europe
Printed at: see last page
ISBN: 978-620-7-74220-2

PREFÁCIO

Poucos objectivos de desenvolvimento global têm uma ressonância tão forte como a saúde e o bem-estar universais. À medida que trabalhamos para atingir o Objetivo de Desenvolvimento Sustentável 3, "Boa Saúde e Bem-Estar", a inovação, a cooperação e a tecnologia tornam-se cada vez mais importantes. Este livro, "Advancing Global Health: Leveraging AI for SDG Goal 3", surge numa altura crucial em que os cuidados de saúde e a IA oferecem perspectivas de avanço sem precedentes. A IA destaca-se como uma promessa para a prestação de cuidados de saúde, a prevenção de doenças e a equidade na saúde, trazendo soluções revolucionárias e transformando a saúde global.

Nestas páginas, exploramos o potencial transformador da IA para lidar com as complexas preocupações da saúde global. A IA tem várias aplicações intrigantes, desde a vigilância de doenças e o diagnóstico precoce até à medicina personalizada e à otimização da terapia. Descobrimos como as intervenções impulsionadas pela IA transformaram a prestação de cuidados de saúde e promoveram a cobertura universal de saúde através de debates informativos e estudos de caso intrigantes. À medida que inovamos, enfrentamos sérias questões éticas e regulamentares. Temos de defender a equidade, a diversidade e a ética à medida que melhoramos a tecnologia. Assim, este livro é simultaneamente um caminho para utilizar a IA para alcançar o Objetivo 3 dos ODS e um monumento à nossa obrigação comum de garantir que a inovação beneficia todos.

Sra. Jyoti Kataria

CONTEÚDO

CAPÍTULO 1

Introdução ao Objetivo 3 dos ODS

Visão geral do Objetivo de Desenvolvimento Sustentável 3 das Nações Unidas: Saúde e bem-estar

O Objetivo de Desenvolvimento Sustentável 3 das Nações Unidas (ODS 3) é uma componente essencial da Agenda 2030 para o Desenvolvimento Sustentável, que incorpora o compromisso coletivo das nações para assegurar uma vida saudável e promover o bem-estar para todos, em todas as idades. Apropriadamente intitulado "Boa Saúde e Bem-Estar", o ODS 3 encapsula uma visão abrangente para a saúde global que engloba as dimensões física, mental e social.

No seu cerne, o ODS 3 procura abordar os inúmeros desafios de saúde que afectam as populações em todo o mundo, reconhecendo a saúde como um direito humano fundamental e um pré-requisito para o desenvolvimento sustentável. Ao dar prioridade à saúde e ao bem-estar, o objetivo visa erradicar as doenças evitáveis, reduzir a mortalidade materna e infantil, combater as principais epidemias de saúde e garantir o acesso universal a serviços de saúde essenciais.

O âmbito do ODS 3 vai muito além da ausência de doença, abrangendo uma compreensão holística da saúde que engloba as dimensões física e mental. Sublinha a importância da promoção da saúde mental, a prevenção e o tratamento do abuso de substâncias c a redução da mortalidade prematura por doenças não transmissíveis. Além disso, o ODS 3 sublinha a necessidade de reforçar os sistemas de saúde, aumentar o financiamento da saúde e reforçar a capacidade da mão de obra no sector da saúde para garantir um acesso equitativo a serviços de saúde de qualidade para todos. O princípio de não deixar ninguém para trás é fundamental para a realização do ODS 3. O objetivo reconhece o peso desproporcionado da doença suportado pelas populações marginalizadas e vulneráveis, incluindo as mulheres, as crianças, os idosos, as pessoas com deficiência e as pessoas que vivem em zonas afectadas por conflitos ou em situação de pobreza extrema. A abordagem das desigualdades na saúde e a promoção da equidade na saúde estão no centro do ODS 3, exigindo intervenções específicas, políticas inclusivas e colaborações multissectoriais.

Numa época marcada por desafios de saúde sem precedentes, incluindo a pandemia de COVID-19, a importância do ODS 3 foi posta em evidência. A pandemia veio sublinhar a interligação da saúde mundial e o imperativo da ação colectiva para criar sistemas de saúde resistentes, reforçar a vigilância das doenças e promover a cooperação internacional na preparação e resposta a pandemias. À medida que as nações se esforçam por recuperar e reconstruir na sequência da pandemia, o ODS 3 serve de farol orientador, recordando-nos o nosso compromisso comum com a saúde, a equidade e o bem-estar. Ao aproveitar o poder da inovação, mobilizar recursos e promover parcerias, podemos concretizar a visão do ODS 3 e garantir que todos, em todo o lado, tenham a oportunidade de levar uma vida saudável e gratificante.

Importância do Objetivo 3 nas agendas de desenvolvimento global

A importância do Objetivo 3, "Saúde e bem-estar", nas agendas de desenvolvimento global não pode ser exagerada. Constitui um pilar fundamental sobre o qual assenta toda a estrutura do desenvolvimento sustentável, reconhecendo a saúde como um direito humano fundamental e um motor essencial do progresso socioeconómico. Vários aspectos sublinham a importância crítica do Objetivo 3 nas agendas de desenvolvimento global:

- Desenvolvimento do capital humano: A saúde é uma condição prévia para o desenvolvimento do capital humano. Uma população saudável é mais produtiva, mais instruída e mais bem equipada para contribuir para o crescimento económico e o desenvolvimento social. Os investimentos nos cuidados de saúde, na prevenção das doenças e na promoção da saúde são essenciais para libertar todo o potencial dos indivíduos e das sociedades.

- Alívio da pobreza: A falta de saúde perpetua o ciclo da pobreza e a pobreza, por sua vez, agrava as disparidades no domínio da saúde. O Objetivo 3 visa quebrar este ciclo, abordando as causas profundas da falta de saúde e garantindo o acesso a serviços de saúde de qualidade para todos, independentemente do estatuto socioeconómico. Ao melhorar os resultados em matéria de saúde, o Objetivo 3 contribui para a redução da pobreza e promove o crescimento económico inclusivo.

- Promoção da equidade e da justiça social: As desigualdades na saúde são generalizadas e minam os princípios da equidade e da justiça social. O Objetivo 3 procura eliminar as disparidades nos resultados da saúde, abordando os determinantes subjacentes da saúde, promovendo a equidade na saúde e assegurando que as populações vulneráveis e marginalizadas têm acesso equitativo aos serviços de saúde. Ao dar prioridade à equidade, o Objetivo 3 faz avançar a agenda mais vasta da inclusão social e dos direitos humanos.

- Realização de outros objectivos de desenvolvimento sustentável: A saúde está interligada com outras dimensões do desenvolvimento sustentável, incluindo a educação, a igualdade de género, a água potável e o saneamento e a sustentabilidade ambiental. A melhoria dos resultados no domínio da saúde tem repercussões positivas em vários sectores, acelerando os progressos no sentido da realização de outros Objectivos de Desenvolvimento Sustentável (ODS).

- Segurança sanitária mundial e resiliência: Num mundo cada vez mais interligado, as ameaças à saúde transcendem as fronteiras nacionais e representam riscos colectivos para a segurança e a estabilidade mundiais. O Objetivo 3 sublinha a importância de reforçar os sistemas de saúde, de melhorar a vigilância das doenças e de criar capacidade de resistência às emergências sanitárias, como as pandemias e as epidemias. Ao investir em mecanismos de preparação e resposta, o Objetivo 3 contribui para a segurança sanitária mundial e atenua o impacto das crises sanitárias.

- Redução dos custos dos cuidados de saúde e dos encargos económicos: Os maus resultados em matéria de saúde representam um encargo económico significativo para os indivíduos, as famílias e as sociedades. O Objetivo 3 visa reduzir a prevalência de doenças, lesões e deficiências evitáveis através da promoção da saúde, da prevenção de doenças e de estratégias de intervenção precoce. Ao investir em medidas preventivas de cuidados de saúde, incluindo programas de vacinação, educação para a saúde e intervenções no estilo de vida, o Objetivo 3 ajuda a mitigar os custos económicos associados ao tratamento de doenças evitáveis e condições crónicas.

- A saúde como fator de coesão e estabilidade social: O acesso a serviços de saúde de qualidade fomenta a coesão social e aumenta a resistência da comunidade. Ao promover a educação para a saúde, a prevenção de doenças e os serviços de cuidados de saúde primários, o Objetivo 3 reforça as redes sociais, cria confiança nas instituições públicas e promove a solidariedade entre populações diversas. Para além disso, o acesso equitativo aos serviços de saúde contribui para a estabilidade social, resolvendo as queixas relacionadas com as disparidades na saúde e promovendo a inclusão social.

- Igualdade de género e empoderamento das mulheres: O Objetivo 3 reconhece as necessidades e os desafios de saúde únicos enfrentados pelas mulheres e raparigas em todo o mundo. Sublinha a importância de garantir o acesso universal aos serviços de saúde sexual e reprodutiva, incluindo o planeamento familiar, os cuidados de saúde materna e os cuidados obstétricos. Ao capacitar as mulheres para tomarem decisões informadas sobre a sua saúde e bem-estar, o Objetivo 3 promove a igualdade entre os sexos, melhora os resultados da saúde materna e infantil e fomenta a participação das mulheres nas esferas social, económica e política.

- Sustentabilidade ambiental e saúde: Os factores ambientais desempenham um papel significativo na determinação dos resultados da saúde e dos padrões de doença. O Objetivo 3 reconhece a interligação entre a sustentabilidade ambiental e a saúde humana, defendendo medidas para mitigar a poluição ambiental, atenuar os impactos das alterações climáticas e promover estilos de vida sustentáveis. Ao abordar os determinantes ambientais da saúde, como o acesso a ar puro, água e saneamento, o Objetivo 3 contribui para a prevenção de doenças induzidas pelo ambiente e promove a saúde planetária.

Introdução ao papel da IA na concretização dos ODS relacionados com a saúde

A aplicação da Inteligência Artificial (IA) na prossecução dos Objectivos de Desenvolvimento Sustentável (ODS) que dizem respeito à saúde representa uma mudança de paradigma na forma como abordamos a prestação de cuidados de saúde, a prevenção de doenças e as intervenções que são implementadas na saúde pública. A inteligência artificial está a emergir como uma ferramenta transformadora que tem o potencial de revolucionar os sistemas de saúde, melhorar os resultados para os doentes e promover a equidade na saúde. Isto acontece numa altura em que nos confrontamos com desafios complexos em matéria de saúde à escala mundial.

Na sua forma mais fundamental, a inteligência artificial (IA) é o processo de simulação de processos de inteligência humana por máquinas. Estes processos incluem a aprendizagem, o raciocínio e a auto-correção. No âmbito dos

Objectivos de Desenvolvimento Sustentável (ODS) relativos à saúde, as tecnologias de inteligência artificial abrangem uma grande variedade de aplicações. Estas aplicações incluem a análise preditiva, a extração de dados, os algoritmos de aprendizagem automática e o processamento de linguagem natural.

A capacidade da IA para melhorar a vigilância e a deteção precoce de doenças é um dos contributos mais importantes que pode dar para os Objectivos de Desenvolvimento Sustentável (ODS) relacionados com a saúde. Através da análise de grandes quantidades de dados de saúde, como sequências genómicas, registos de saúde electrónicos e exames de imagiologia médica, os algoritmos de inteligência artificial são capazes de reconhecer padrões, tendências e factores de risco que estão associados a uma variedade de doenças distintas. Isto permite que os profissionais médicos façam diagnósticos mais precisos, iniciem intervenções no momento adequado e travem a progressão das doenças.

Além disso, a inteligência artificial é muito promissora para o avanço da medicina personalizada e para a otimização dos tratamentos. A utilização de algoritmos de inteligência artificial permite a personalização dos regimes de tratamento de acordo com as características individuais dos doentes através da análise de dados genéticos, moleculares e clínicos. Isto permite a otimização dos resultados terapêuticos, minimizando simultaneamente os efeitos adversos. Esta mudança de paradigma para a medicina de precisão não só melhora a qualidade dos cuidados prestados aos doentes, como também contribui para a eficiência e longevidade dos sistemas de saúde no seu todo.

As tecnologias baseadas na inteligência artificial não só melhoram o processo de tomada de decisões clínicas, como também facilitam a prestação de cuidados de saúde e o acesso aos mesmos, especialmente em áreas mal servidas e de difícil acesso. Os pacientes podem receber consultas médicas, monitorizar doenças crónicas e ter acesso a serviços de saúde essenciais sem terem de sair do conforto das suas casas, graças às plataformas de telemedicina que são alimentadas por chatbots e assistentes virtuais alimentados por inteligência artificial. Isto não só alarga o âmbito dos cuidados de saúde, como também reduz os obstáculos que impedem o acesso aos mesmos. Estes obstáculos incluem a distância geográfica, o custo dos transportes e as disparidades socioeconómicas.

No entanto, a incorporação da IA nos Objectivos de Desenvolvimento Sustentável (ODS) que dizem respeito à saúde também suscita preocupações éticas, regulamentares e sociais significativas. As partes interessadas são obrigadas a navegar num cenário complexo de desafios éticos e quadros regulamentares, que inclui a garantia da privacidade e da segurança dos dados, a atenuação dos efeitos dos enviesamentos algorítmicos e a proteção da autonomia dos doentes. Além disso, para garantir que os benefícios da tecnologia sejam acessíveis a quem mais precisa deles, é essencial assegurar que as inovações impulsionadas pela inteligência artificial sejam distribuídas de forma justa e que as clivagens digitais sejam reduzidas.

Para alcançar os Objectivos de Desenvolvimento Sustentável (ODS) relacionados com a saúde, o papel que a inteligência artificial desempenha representa uma oportunidade transformadora para reimaginar a prestação de cuidados de saúde, capacitar os doentes e construir sistemas de saúde resilientes. Podemos abrir novas possibilidades para promover a equidade na saúde a nível mundial e concretizar a visão da cobertura universal de saúde para todos, aproveitando o poder da inovação impulsionada pela inteligência artificial (IA).

CAPÍTULO 2

Compreender os desafios da saúde mundial

Panorama dos principais desafios em matéria de saúde a nível mundial

Os grandes desafios da saúde a nível mundial apresentam um panorama multifacetado de questões interligadas que afectam indivíduos, comunidades e populações inteiras. Estes desafios, muitas vezes complexos e dinâmicos, requerem abordagens abrangentes que abordem os factores determinantes subjacentes, proporcionando simultaneamente serviços de saúde acessíveis e de elevada qualidade. Eis uma visão geral de alguns dos principais desafios de saúde enfrentados a nível mundial:

- **Doenças infecciosas**: As doenças infecciosas continuam a representar uma ameaça significativa para a saúde pública em todo o mundo. Doenças como o VIH/SIDA, a tuberculose (TB), a malária e as doenças tropicais negligenciadas (DTN) afectam desproporcionadamente as populações vulneráveis, em especial nos países de baixo e médio rendimento. As doenças infecciosas emergentes, como o vírus Zika, o vírus Ébola e, agora, a COVID-19, realçam a necessidade permanente de mecanismos sólidos de vigilância, preparação e resposta.

- **Doenças não transmissíveis (DNT)**: As doenças não transmissíveis, incluindo as doenças cardiovasculares, o cancro, a diabetes e as doenças respiratórias crónicas, são as principais causas de morbilidade e mortalidade a nível mundial. Os factores relacionados com o estilo de vida, como o consumo de tabaco, os regimes alimentares pouco saudáveis, a inatividade física e o consumo nocivo de álcool, contribuem significativamente para o peso das doenças não transmissíveis, exercendo pressão sobre os sistemas de saúde e as economias.

- **Saúde materna e infantil**: A saúde materna e infantil continua a ser uma prioridade fundamental para as iniciativas de saúde a nível mundial. As taxas de mortalidade materna, de mortalidade neonatal e de mortalidade infantil variam muito de região para região, com disparidades baseadas em factores socioeconómicos, no acesso aos serviços de saúde e em práticas culturais. A melhoria dos resultados da saúde materna e infantil requer estratégias abrangentes que abordem os cuidados pré-natais, a assistência qualificada ao parto, a cobertura de imunização, a nutrição e o acesso a água potável e saneamento.

- **Saúde mental**: As perturbações da saúde mental, incluindo a depressão, a ansiedade, a esquizofrenia e as perturbações relacionadas com o consumo de substâncias, representam um encargo significativo e crescente a nível mundial. O estigma, a discriminação, a falta de acesso aos serviços de saúde mental e os recursos inadequados para a promoção e prevenção da saúde mental contribuem para a crise da saúde mental. Para fazer face aos desafios da saúde mental, são necessárias abordagens integradas que dêem prioridade à promoção da saúde mental, à desestigmatização e à integração dos cuidados de saúde mental nos sistemas de cuidados de saúde primários.

- **Acesso a medicamentos essenciais e a serviços de saúde**: As disparidades no acesso a medicamentos essenciais e a serviços de saúde persistem, sobretudo em contextos de poucos recursos. Custos elevados, sistemas de saúde fracos, infra-estruturas inadequadas e barreiras geográficas limitam o acesso a tratamentos, diagnósticos e intervenções preventivas que salvam vidas. Alcançar a cobertura universal de saúde e garantir o acesso a serviços de saúde de qualidade e a preços acessíveis para todos continua a ser um desafio fundamental.

- **Ameaças emergentes para a saúde e segurança sanitária mundial**: As ameaças sanitárias emergentes, incluindo as pandemias, a resistência antimicrobiana, os impactos sanitários relacionados com as alterações climáticas e as crises humanitárias, colocam desafios complexos à segurança sanitária mundial. A resposta a estas ameaças exige esforços de colaboração, sistemas de saúde sólidos, infra-estruturas resistentes e medidas proactivas para prevenir, detetar e responder eficazmente às emergências sanitárias.

- **Nutrição e insegurança alimentar**: A malnutrição, incluindo a subnutrição, as deficiências de micronutrientes e o excesso de peso/obesidade, continua a ser um desafio global generalizado em matéria de saúde. A insegurança alimentar, o acesso inadequado a alimentos nutritivos, a má qualidade da dieta e os hábitos alimentares pouco saudáveis contribuem para o peso da malnutrição. A luta contra a subnutrição exige estratégias globais que englobem o desenvolvimento agrícola, a reforma dos sistemas alimentares, a educação nutricional e os programas de proteção social.

- **Água, saneamento e higiene (WASH):** O acesso a água potável, instalações sanitárias e práticas de higiene é fundamental para promover a saúde e prevenir doenças. No entanto, milhões de pessoas em todo o mundo não têm acesso a água potável segura e a saneamento básico, o que leva a doenças transmitidas pela água, doenças diarreicas e riscos para a saúde ambiental. Melhorar as infra-estruturas de WASH, promover os comportamentos de higiene e garantir um acesso equitativo aos serviços de saneamento são prioridades essenciais para a saúde pública.

- **Desigualdades no acesso aos cuidados de saúde:** As disparidades no acesso aos serviços de saúde persistem nos países e entre eles, devido a factores socioeconómicos, barreiras geográficas, discriminação e desigualdades sistémicas. As populações marginalizadas, incluindo as mulheres, as crianças, as minorias étnicas, as comunidades indígenas, as populações rurais e as pessoas que vivem em zonas afectadas por conflitos ou em situação de pobreza extrema, enfrentam frequentemente um acesso limitado aos serviços de saúde essenciais. A resolução das desigualdades nos cuidados de saúde requer intervenções específicas, o envolvimento da comunidade, o reforço das capacidades dos profissionais de saúde e a eliminação das barreiras financeiras, culturais e sociais aos cuidados de saúde.

- **Envelhecimento da população e peso das doenças crónicas**: As populações de todo o mundo estão a passar por mudanças demográficas, com o envelhecimento da população e o aumento do peso das doenças crónicas a representar desafios significativos para os sistemas de saúde. As condições de saúde relacionadas com a idade, incluindo a demência, a osteoporose e as incapacidades relacionadas com a idade, colocam necessidades de cuidados de saúde únicas e exigem abordagens integradas para promover um envelhecimento saudável, prevenir as doenças relacionadas com a idade e apoiar a qualidade de vida dos idosos.

- **Ameaças para a saúde ambiental:** Os factores ambientais, incluindo a poluição do ar, a contaminação da água, as alterações climáticas e a exposição a substâncias perigosas, contribuem para uma série de problemas de saúde, desde as doenças respiratórias e as perturbações cardiovasculares até aos resultados reprodutivos adversos e ao cancro. Os fenómenos relacionados com o clima, como os fenómenos meteorológicos extremos e as catástrofes naturais, agravam os riscos para a saúde ambiental e afectam de forma desproporcionada as populações vulneráveis. A atenuação das ameaças para a saúde ambiental exige políticas que dêem prioridade à sustentabilidade ambiental, a medidas de controlo da poluição, a estratégias de adaptação às alterações climáticas e a investimentos em energias limpas e infra-estruturas ecológicas.

- **Governação e cooperação mundiais no domínio da saúde:** A resolução de desafios complexos no domínio da saúde exige uma ação coordenada e uma colaboração que ultrapasse as fronteiras nacionais, os sectores e as partes interessadas. O reforço da governação mundial da saúde, a promoção da cooperação internacional e a criação de sistemas de saúde resistentes são essenciais para responder às ameaças emergentes para a saúde, promover a equidade na saúde e atingir os objectivos de desenvolvimento sustentável.

Ao reconhecer e abordar estes grandes desafios no domínio da saúde de forma abrangente, os governos, os responsáveis políticos, os prestadores de cuidados de saúde, as organizações da sociedade civil e os parceiros internacionais podem trabalhar em conjunto para criar comunidades mais saudáveis e resistentes e promover a equidade na saúde a nível mundial.

Disparidades no acesso aos cuidados de saúde e nos resultados

As disparidades no acesso aos cuidados de saúde e nos resultados representam um desafio persistente e profundamente enraizado nos sistemas de saúde em todo o mundo. Estas disparidades, que têm origem em factores sociais, económicos e estruturais complexos, manifestam-se num acesso diferenciado aos serviços de saúde e em resultados de saúde desiguais entre as populações. As disparidades socioeconómicas, determinadas pelos níveis de rendimento, habilitações literárias e situação profissional, determinam frequentemente a capacidade dos indivíduos para pagar e aceder aos cuidados de saúde. As barreiras geográficas agravam ainda mais as disparidades em matéria de cuidados de saúde, com as comunidades rurais e remotas a depararem-se com um acesso limitado às infra-estruturas de cuidados de saúde e com a escassez de profissionais de saúde. As minorias raciais e étnicas deparam-se com barreiras sistémicas, incluindo a discriminação, os preconceitos culturais e as barreiras linguísticas, que impedem o seu acesso a cuidados de saúde de qualidade e contribuem para piores resultados em termos de saúde. As disparidades de género também persistem, em especial no que se refere à saúde reprodutiva e aos cuidados maternos, em que as mulheres enfrentam desafios únicos no acesso a serviços essenciais e à autonomia de decisão. A falta de cobertura por um seguro de saúde continua a ser um obstáculo significativo para milhões de pessoas, levando a que se renuncie a cuidados médicos e a complicações de saúde evitáveis. A resolução das disparidades nos cuidados de saúde exige estratégias abrangentes que incluam reformas políticas, envolvimento da comunidade, formação em competências culturais e investimentos em infra-estruturas de cuidados de saúde e desenvolvimento da força de trabalho. Ao dar prioridade à equidade na saúde e ao promover sistemas de saúde inclusivos, as sociedades podem esforçar-se por garantir que cada indivíduo tenha acesso equitativo a serviços de saúde de qualidade e oportunidades para alcançar resultados de saúde óptimos, independentemente do seu estatuto socioeconómico, raça, etnia, género ou localização geográfica. Eis um olhar mais atento aos principais aspectos das disparidades nos cuidados de saúde:

- Disparidades socioeconómicas: O estatuto socioeconómico, incluindo o rendimento, o nível de educação, o estatuto profissional e o acesso a recursos, influencia profundamente a capacidade dos indivíduos de acederem aos serviços de saúde. As populações com baixos rendimentos e as que vivem na pobreza enfrentam frequentemente barreiras como a falta de seguro de saúde, opções de transporte limitadas e restrições financeiras que impedem o seu acesso a cuidados de saúde atempados e de qualidade.

- Disparidades geográficas: As comunidades rurais e remotas deparam-se frequentemente com dificuldades no acesso aos serviços de saúde devido ao isolamento geográfico, às infra-estruturas de saúde limitadas e à escassez de profissionais de saúde. Estas disparidades resultam em diagnósticos tardios, acesso reduzido a cuidados especializados e piores resultados em termos de saúde para os residentes das zonas rurais em comparação com os seus homólogos urbanos.

- Disparidades raciais e étnicas: As minorias raciais e étnicas enfrentam barreiras desproporcionadas no acesso aos cuidados de saúde e disparidades nos resultados em termos de saúde. O racismo estrutural, a discriminação, as barreiras culturais, as barreiras linguísticas e os preconceitos implícitos nos sistemas de cuidados de saúde contribuem para as desigualdades nos cuidados preventivos, nos serviços de diagnóstico, nas opções de tratamento e nos resultados em termos de saúde. Consequentemente, as minorias raciais e étnicas enfrentam frequentemente taxas mais elevadas de doenças crónicas, de mortalidade materna e infantil e de hospitalizações evitáveis.

- Cobertura de seguro de saúde: A falta de cobertura de seguro de saúde continua a ser uma barreira significativa ao acesso aos cuidados de saúde para milhões de indivíduos em todo o mundo. Nos países sem sistemas de saúde universais, os indivíduos sem seguro e as populações marginalizadas podem renunciar aos cuidados médicos, serviços preventivos e medicamentos necessários devido ao elevado custo dos serviços de saúde e dos medicamentos sujeitos a receita médica.

- Disparidades de género: As disparidades de género no acesso aos cuidados de saúde e nos resultados persistem em muitas sociedades, com as mulheres a enfrentarem frequentemente desafios únicos relacionados com a saúde reprodutiva, os cuidados maternos e o acesso a serviços de planeamento familiar. As normas culturais, os preconceitos de género e os factores socioeconómicos podem limitar a autonomia das mulheres na tomada de decisões em matéria de cuidados de saúde e no acesso a serviços de saúde essenciais, o que resulta em resultados adversos em termos de saúde materna e em disparidades no tratamento de problemas de saúde específicos do género.

Impacto das determinantes sociais nas desigualdades em matéria de saúde

O impacto dos determinantes sociais nas desigualdades em matéria de saúde sublinha a profunda influência dos factores sociais, económicos e ambientais nos resultados de saúde e no bem-estar dos indivíduos. Os determinantes sociais englobam um vasto leque de condições, incluindo o estatuto socioeconómico, a educação, o emprego, a habitação, o ambiente de vizinhança, o acesso aos cuidados de saúde e as redes de apoio social, que, coletivamente, moldam as oportunidades de saúde e o acesso dos indivíduos aos serviços de saúde.

O estatuto socioeconómico, talvez um dos determinantes sociais mais significativos, desempenha um papel fundamental na definição dos resultados em matéria de saúde. As pessoas com níveis de rendimento e de escolaridade mais elevados têm frequentemente maior acesso a recursos como alimentos nutritivos, habitação segura, educação de qualidade e serviços de saúde, que são essenciais para manter uma saúde óptima. Em contrapartida, as pessoas em situação de pobreza ou insegurança financeira podem enfrentar obstáculos no acesso aos cuidados de saúde, sofrer níveis mais elevados de stress e ter um acesso limitado a cuidados preventivos e a recursos de promoção da saúde, o que conduz a piores resultados em termos de saúde.

A educação também surge como um determinante social crítico da saúde, estando os níveis mais elevados de educação associados a melhores resultados em termos de saúde e a taxas de mortalidade mais baixas. A educação não só dota os indivíduos de conhecimentos e competências que lhes permitem tomar decisões informadas em matéria de saúde, como também influencia as oportunidades de emprego, os níveis de rendimento e o acesso aos serviços de saúde, moldando assim as trajectórias globais da saúde.

O estatuto profissional e as condições de trabalho têm um impacto significativo na saúde e no bem-estar dos indivíduos. Um emprego estável com salários justos, benefícios e condições de trabalho seguras contribui para melhores resultados em termos de saúde, enquanto o desemprego, a insegurança no emprego e a exposição a riscos profissionais podem aumentar o risco de doenças relacionadas com o stress, perturbações da saúde mental e doenças crónicas.

Os ambientes habitacionais e de vizinhança também desempenham um papel crucial na formação das disparidades de saúde. O acesso a uma habitação segura e económica, ar puro, espaços verdes e recursos comunitários pode promover o bem-estar físico e mental. Em contrapartida, condições de habitação inadequadas, exposição a poluentes ambientais e violência na vizinhança podem contribuir para resultados adversos em termos de saúde, incluindo doenças respiratórias, perturbações da saúde mental e lesões.

O acesso aos serviços de saúde, outro determinante social fundamental, é influenciado por factores como a localização geográfica, a cobertura do seguro de saúde, os transportes e as barreiras culturais e linguísticas. As pessoas que residem em zonas mal servidas ou que não têm cobertura de seguro de saúde podem ter dificuldade em aceder a cuidados preventivos, serviços de diagnóstico e tratamento atempado, o que agrava as disparidades em matéria de saúde e aumenta as desigualdades.

A resolução das desigualdades em matéria de saúde exige uma abordagem holística que aborde os determinantes sociais subjacentes da saúde, promova a equidade na saúde e avance com políticas e intervenções destinadas a reduzir as disparidades entre as populações. Ao reconhecer e abordar os factores sociais, económicos e ambientais que contribuem para as desigualdades em matéria de saúde, as sociedades podem fomentar ambientes inclusivos, promover a justiça social e melhorar os resultados em matéria de saúde para todos os indivíduos, independentemente dos seus antecedentes ou circunstâncias.

Capítulo 3
Aplicações de IA na prevenção e diagnóstico de doenças

O papel da IA na vigilância e deteção precoce de doenças

O papel da Inteligência Artificial (IA) na vigilância e deteção precoce de doenças representa uma abordagem transformadora para a monitorização e resposta da saúde pública. Os métodos tradicionais de vigilância de doenças baseiam-se frequentemente na recolha manual de dados, o que pode ser moroso, exigir muitos recursos e provocar atrasos na deteção de surtos ou de ameaças emergentes para a saúde. As tecnologias orientadas para a IA oferecem soluções inovadoras que permitem a análise em tempo real de grandes quantidades de dados de saúde, permitindo às autoridades de saúde pública identificar padrões, tendências e anomalias que podem indicar potenciais surtos ou riscos para a saúde.

Um dos principais contributos da IA para a vigilância de doenças é a sua capacidade de analisar diversas fontes de dados, incluindo registos de saúde electrónicos, dados de pedidos de assistência médica, relatórios laboratoriais, publicações nas redes sociais, artigos noticiosos e dados ambientais. Ao agregar e analisar estes fluxos de dados díspares, os algoritmos de IA podem detetar sinais de alerta precoce de doenças infecciosas, monitorizar a dinâmica de transmissão de doenças e identificar populações de alto risco ou áreas geográficas que exijam intervenções específicas.

Os algoritmos de aprendizagem automática, um subconjunto da IA, desempenham um papel fundamental na vigilância de doenças, tirando partido dos dados históricos para detetar padrões e prever resultados futuros. Estes algoritmos podem analisar padrões de ocorrência de doenças, vias de transmissão e movimentos populacionais para antecipar surtos de doenças e informar medidas proactivas de saúde pública. Além disso, os algoritmos de IA podem adaptar-se e aprender com novos dados, permitindo um refinamento e uma melhoria contínuos da precisão das previsões ao longo do tempo.

Para além da deteção de doenças infecciosas, as tecnologias de IA podem também ajudar na deteção e no diagnóstico precoce de doenças não transmissíveis (DNT), como o cancro, as doenças cardiovasculares e as doenças respiratórias. Técnicas avançadas de imagiologia, incluindo imagens médicas e lâminas de patologia, podem ser analisadas utilizando algoritmos de IA para detetar anomalias subtis, classificar padrões de doença e ajudar os prestadores de cuidados de saúde a fazer diagnósticos atempados e precisos. A deteção precoce das doenças não transmissíveis é fundamental para iniciar intervenções atempadas, melhorar os resultados do tratamento e reduzir as taxas de morbilidade e mortalidade.

Além disso, os sistemas de vigilância sindrómica alimentados por IA permitem a deteção rápida de padrões invulgares de sintomas ou eventos relacionados com a saúde, que podem indicar potenciais emergências de saúde pública ou ameaças de bioterrorismo. Ao monitorizar registos de saúde electrónicos, dados de vendas em farmácias, visitas a serviços de urgência e outros indicadores relacionados com a saúde em tempo real, estes sistemas podem alertar as autoridades de saúde pública para aberrações nos padrões de doenças ou aumentos inesperados de sintomas específicos, facilitando a resposta atempada e os esforços de contenção.

Globalmente, o papel da IA na vigilância das doenças e na deteção precoce é muito promissor para melhorar a preparação da saúde pública, as capacidades de resposta e as estratégias de controlo dos surtos. Ao aproveitar o poder das tecnologias baseadas em IA, as autoridades de saúde pública podem reforçar a sua capacidade de monitorizar, detetar e responder a ameaças à saúde de forma atempada e proactiva, salvaguardando, em última análise, a saúde da população e promovendo a segurança sanitária mundial.

Análise preditiva baseada em IA para surtos de doenças

A análise preditiva orientada para a IA para surtos de doenças representa uma abordagem de vanguarda à vigilância e resposta da saúde pública, oferecendo o potencial para antecipar e mitigar a propagação de doenças infecciosas com uma velocidade e precisão sem precedentes. Ao tirar partido do poder dos algoritmos avançados e das técnicas de aprendizagem automática, a análise preditiva baseada na IA pode analisar grandes quantidades de dados de diversas fontes para identificar padrões, tendências e factores de risco associados à transmissão de doenças, permitindo às autoridades de saúde pública tomar medidas proactivas para prevenir e controlar surtos.

Um dos principais pontos fortes da análise preditiva orientada para a IA reside na sua capacidade de integrar e analisar fluxos de dados heterogéneos, incluindo dados clínicos, dados ambientais, dados demográficos, padrões de viagem e atividade nas redes sociais, em tempo real. Ao agregar e processar estas diversas fontes de dados, os algoritmos de IA podem identificar sinais de alerta precoce de surtos de doenças, detetar agentes patogénicos emergentes e prever a propagação geográfica de doenças infecciosas com uma precisão notável.

Os algoritmos de aprendizagem automática, um subconjunto da IA, desempenham um papel central na análise preditiva de surtos de doenças, tirando partido dos dados históricos para identificar padrões e prever a dinâmica futura da transmissão de doenças. Estes algoritmos podem analisar padrões de ocorrência de doenças, rotas de transmissão e movimentos populacionais para prever a probabilidade de surtos, identificar populações ou áreas geográficas de alto risco e otimizar a atribuição de recursos para medidas de prevenção e controlo.

Além disso, a análise preditiva baseada em IA pode facilitar a deteção precoce e a resposta rápida a surtos, automatizando a análise de dados de vigilância sindrómica, resultados de testes laboratoriais e registos de saúde electrónicos. Ao assinalar padrões invulgares de sintomas, grupos de casos ou alterações nas taxas de incidência de doenças, os sistemas de análise preditiva podem alertar as autoridades de saúde pública para potenciais surtos em tempo real, permitindo uma investigação atempada, contenção e esforços de mitigação.

Além disso, os algoritmos de IA podem aprender e adaptar-se continuamente a partir de novos dados, permitindo actualizações dinâmicas e aperfeiçoamentos nos modelos preditivos à medida que novas informações se tornam disponíveis. Esta adaptabilidade é particularmente valiosa em situações de evolução rápida, como as ameaças de doenças infecciosas emergentes ou as pandemias, em que os dados em tempo real são essenciais para orientar as intervenções de saúde pública e as decisões políticas.

Ao tirar partido da análise preditiva baseada em IA, as autoridades de saúde pública podem melhorar a sua capacidade de antecipar e responder eficazmente a surtos de doenças, minimizar a propagação de doenças infecciosas e proteger a saúde e o bem-estar das populações. No entanto, é importante reconhecer que a análise preditiva orientada para a IA não está isenta de desafios, incluindo preocupações com a privacidade dos dados, enviesamentos algorítmicos e a necessidade de estruturas robustas de validação e avaliação. No entanto, com uma implementação cuidadosa e a colaboração entre cientistas de dados, especialistas em saúde pública e decisores políticos, a análise preditiva baseada em IA é uma promessa imensa para revolucionar a vigilância de doenças e a resposta a surtos no século XXI.

Aplicações da aprendizagem automática na imagiologia e diagnóstico médicos

A aprendizagem automática (ML) surgiu como uma ferramenta transformadora na imagiologia e no diagnóstico médico, revolucionando a forma como os prestadores de cuidados de saúde analisam e interpretam imagens médicas, fazem diagnósticos e desenvolvem planos de tratamento. As aplicações do ML na imagiologia e diagnóstico médico são vastas e variadas, abrangendo uma vasta gama de modalidades de imagiologia e especialidades clínicas. Aqui estão algumas das principais aplicações:

- **Classificação e segmentação de imagens**: Os algoritmos de ML podem classificar imagens médicas em diferentes categorias ou segmentos, ajudando na deteção e localização de anomalias. Por exemplo, em radiologia, os algoritmos de ML podem classificar radiografias do tórax ou mamografias como normais ou anormais, detetar tumores em exames de ressonância magnética ou segmentar estruturas anatómicas em imagens de TAC.

- **Deteção e diagnóstico assistidos por computador**: Os algoritmos de ML podem ajudar os radiologistas e patologistas a detetar e diagnosticar doenças, destacando áreas suspeitas ou anomalias em imagens médicas. Por exemplo, os sistemas de deteção assistida por computador (CAD) baseados em ML podem assinalar potenciais lesões ou anomalias em mamografias, identificar sinais precoces de retinopatia diabética em imagens da retina ou detetar nódulos pulmonares em tomografias computorizadas do tórax.

- **Análise quantitativa de imagens**: As técnicas de ML permitem a análise quantitativa de imagens médicas, fornecendo medições objectivas das características dos tecidos, dos volumes das lesões e da progressão da doença ao longo do tempo. Os biomarcadores quantitativos de imagem derivados de algoritmos de ML podem ajudar os médicos a monitorizar a resposta ao tratamento, avaliar a gravidade da doença e prever os resultados dos doentes em condições como o cancro, as doenças cardiovasculares e as doenças neurodegenerativas.

- **Medicina personalizada e planeamento de tratamentos**: Os algoritmos de aprendizagem de máquina podem analisar dados de imagiologia médica juntamente com informações clínicas e genómicas para adaptar os planos de tratamento e otimizar os cuidados ao paciente. Ao integrar biomarcadores de imagem com modelos preditivos, os sistemas de apoio à decisão baseados em ML podem ajudar os médicos a selecionar estratégias de tratamento personalizadas, prever respostas ao tratamento e estratificar os pacientes em grupos de risco com base nas características da doença e nos perfis genéticos.

- **Radiogenómica e genómica da imagiologia**: As técnicas de ML permitem a integração de dados de imagiologia com dados genómicos para descobrir associações entre fenótipos de imagiologia e alterações genéticas subjacentes. A análise radiogenómica pode identificar características de imagem que se correlacionam com mutações genéticas específicas, padrões de expressão genética ou subtipos moleculares de doenças, fornecendo informações sobre a patogénese da doença, o prognóstico e a resposta ao tratamento.

- **Melhoria da qualidade e otimização do fluxo de trabalho**: Os algoritmos de ML podem otimizar os fluxos de trabalho de interpretação de imagens, melhorar a precisão do diagnóstico e aumentar a produtividade dos radiologistas, automatizando as tarefas de rotina e dando prioridade aos estudos com base na urgência clínica. Os sistemas de controlo de qualidade baseados em ML podem identificar artefactos de imagem, assegurar a consistência da imagem e otimizar os parâmetros de aquisição de imagem para melhorar a qualidade da imagem e a confiança no diagnóstico.

- **Reconstrução e melhoramento de imagens:** As técnicas de aprendizagem automática podem ser utilizadas para melhorar a qualidade das imagens médicas, reduzindo o ruído, melhorando o contraste e reconstruindo imagens de alta resolução a partir de dados de baixa resolução. Os algoritmos de aprendizagem automática treinados em grandes conjuntos de dados de imagens de alta qualidade podem aprender a gerar imagens mais detalhadas e valiosas para o diagnóstico, beneficiando várias modalidades de imagiologia, como a ressonância magnética, a tomografia computorizada e os ultra-sons.

- **Registo e fusão de imagens:** Os algoritmos de ML facilitam o registo e a fusão de imagens médicas multimodais, permitindo aos médicos integrar informações complementares de diferentes técnicas de imagiologia. Os algoritmos de registo de imagens alinham imagens adquiridas a partir de diferentes modalidades ou pontos temporais, facilitando a visualização de estruturas anatómicas, alterações funcionais e progressão da doença. As técnicas de fusão de imagens combinam informações de várias modalidades de imagiologia para melhorar a precisão do diagnóstico e o planeamento do tratamento, como a combinação de RM com PET ou TC com RM.

- **Modelação preditiva e estratificação do risco:** Os modelos de aprendizagem automática podem aproveitar os dados de imagiologia para desenvolver modelos preditivos para avaliação do risco de doença, estratificação de doentes e previsão de prognóstico. Ao analisar as características das imagens e as variáveis clínicas, os algoritmos de aprendizagem automática podem identificar biomarcadores de imagem associados à progressão da doença, ao risco de recorrência e aos resultados do tratamento. Os modelos preditivos baseados em dados de imagiologia podem ajudar os médicos a identificar doentes de alto risco, a adaptar estratégias de tratamento e a otimizar os planos de gestão dos doentes.

- **Relatórios automatizados e processamento de linguagem natural (PNL):** As técnicas de processamento de linguagem natural com base na aprendizagem automática permitem a extração automatizada de informações estruturadas de relatórios de radiologia, relatórios de patologia e registos de saúde electrónicos. Os algoritmos de PNL podem analisar relatórios de texto livre, extrair informações clínicas relevantes e gerar dados estruturados que podem ser integrados em sistemas de apoio à decisão clínica, bases de dados de investigação e iniciativas de melhoria da qualidade. As ferramentas de elaboração de relatórios automatizadas, alimentadas por algoritmos de ML, podem ajudar os radiologistas e patologistas a gerar relatórios normalizados, reduzir o tempo de elaboração de relatórios e melhorar a precisão da documentação.

- **Monitorização e prognóstico da progressão da doença:** Os algoritmos de aprendizagem automática podem analisar dados de imagiologia longitudinais para acompanhar a progressão da doença, monitorizar a resposta ao tratamento e prever resultados a longo prazo para doentes com doenças crónicas ou progressivas. Ao analisar estudos de imagiologia em série ao longo do tempo, os modelos de aprendizagem automática podem detetar alterações subtis na morfologia da doença, quantificar as taxas de progressão da doença e identificar sinais precoces de falha do tratamento ou de recorrência da doença. Os modelos de progressão da doença baseados em dados de imagiologia podem informar a tomada de decisões clínicas, orientar os ajustes de tratamento e melhorar as estratégias de gestão dos doentes.

Estas aplicações adicionais realçam as diversas formas como a aprendizagem automática está a transformar a imagiologia médica e o diagnóstico, permitindo aos médicos extrair informações valiosas dos dados de imagiologia, melhorar a precisão do diagnóstico e melhorar os cuidados prestados aos doentes numa vasta gama de especialidades médicas e contextos clínicos.

Estudos de casos que destacam implementações bem sucedidas de IA na prevenção e diagnóstico de doenças

Alguns estudos de caso exemplificam o impacto transformador da IA na prevenção e diagnóstico de doenças, demonstrando como os algoritmos avançados de aprendizagem automática e as técnicas de aprendizagem profunda podem aumentar a tomada de decisões clínicas, melhorar a precisão do diagnóstico e melhorar os resultados dos doentes num vasto espetro de especialidades de cuidados de saúde e domínios de doença. À medida que a IA continua a evoluir e a amadurecer, é imensamente promissora para revolucionar a prestação de cuidados de saúde, transformar os paradigmas de gestão das doenças e fazer avançar as fronteiras da ciência médica e dos cuidados aos doentes.

Eis alguns exemplos notáveis:

- **IA da DeepMind para a deteção da retinopatia diabética:** A DeepMind, uma subsidiária da Alphabet Inc. (a empresa-mãe da Google), desenvolveu um algoritmo de IA capaz de detetar a retinopatia diabética a partir de imagens da retina com elevada precisão. Em colaboração com o Moorfields Eye Hospital, no Reino Unido, o sistema de IA da DeepMind analisou exames de retina para identificar sinais de doença ocular diabética, uma das principais causas de cegueira em todo o mundo. O algoritmo de IA demonstrou um desempenho notável, rivalizando com o de oftalmologistas especializados, e forneceu diagnósticos rápidos e precisos, permitindo intervenções atempadas para evitar a perda de visão entre os doentes diabéticos.

- **IBM Watson para Oncologia:** O IBM Watson for Oncology é um sistema de apoio à decisão clínica baseado em IA, concebido para ajudar os oncologistas no diagnóstico e tratamento do cancro. Tirando partido do processamento de linguagem natural e dos algoritmos de aprendizagem automática, o Watson for Oncology analisa os registos médicos dos pacientes, os relatórios patológicos e a literatura científica para fornecer recomendações de tratamento baseadas em provas e adaptadas às características clínicas e ao tipo de cancro de cada paciente. Os ensaios clínicos e as implementações no mundo real demonstraram a eficácia do Watson for Oncology na melhoria da tomada de decisões de tratamento, na redução da variabilidade do tratamento e na melhoria dos resultados dos doentes em vários tipos de cancro e contextos de cuidados de saúde.

- **IA da Google Health para o rastreio do cancro da mama:** A Google Health desenvolveu um modelo de IA para o rastreio do cancro da mama, capaz de analisar mamografias para detetar sinais precoces de cancro da mama. Em colaboração com instituições de saúde e parceiros de investigação, o sistema de IA da Google demonstrou um desempenho superior na deteção de lesões de cancro da mama em comparação com os métodos de rastreio tradicionais. Ao tirar partido de algoritmos de aprendizagem profunda e de conjuntos de dados em grande escala, o modelo de IA da Google identificou anomalias subtis e potenciais doenças malignas em imagens mamográficas, permitindo uma deteção e intervenção mais precoces nos casos de cancro da mama e reduzindo as taxas de falsos positivos nos programas de rastreio.

- **Plataforma de análise de imagens com IA da Zebra Medical Vision:** A Zebra Medical Vision desenvolveu uma plataforma de análise de imagens com IA que analisa imagens médicas em várias modalidades para detctar e dar prioridade a anomalias sugestivas de várias doenças. Os algoritmos de IA da Zebra podem identificar sinais de osteoporose, doenças cardiovasculares, distúrbios hepáticos e outras condições a partir de raios X, tomografias computadorizadas e imagens de ressonância magnética. Automatizando a interpretação de imagens médicas e sinalizando achados suspeitos, a plataforma de IA da Zebra ajuda os radiologistas a priorizar os casos, agilizar

os fluxos de trabalho e melhorar a precisão do diagnóstico, levando à deteção
e intervenção mais precoces em casos de doenças.

CAPÍTULO 4

Revolucionar a prestação de cuidados de saúde com a IA

Desafios na prestação e no acesso aos cuidados de saúde

Os desafios na prestação e no acesso aos cuidados de saúde representam questões complexas e multifacetadas que impedem a prestação de serviços de saúde equitativos e de elevada qualidade às populações de todo o mundo. Estes desafios resultam de vários factores sociais, económicos, políticos e sistémicos, com impacto nos indivíduos, nas comunidades e nos sistemas de saúde. Eis alguns dos principais desafios:

- **Desigualdades nos cuidados de saúde**: As disparidades no acesso aos cuidados de saúde e nos resultados persistem, afectando desproporcionadamente as populações marginalizadas e vulneráveis, incluindo as minorias étnicas, as comunidades indígenas, as populações rurais e os indivíduos socioeconomicamente desfavorecidos. As desigualdades estruturais, a discriminação sistémica e as barreiras socioeconómicas limitam o acesso aos serviços de saúde, exacerbando as disparidades em matéria de saúde e aumentando as lacunas nos resultados sanitários.

- **Barreiras geográficas**: O acesso aos serviços de saúde é muitas vezes dificultado por barreiras geográficas, especialmente em zonas rurais e remotas onde as infra-estruturas, instalações e serviços especializados de saúde são limitados ou inacessíveis. As disparidades geográficas no acesso aos cuidados de saúde resultam em diagnósticos tardios, opções de tratamento reduzidas e piores resultados em termos de saúde para os indivíduos que residem em regiões mal servidas.

- **Escassez de mão de obra no sector da saúde**: A escassez de profissionais de saúde, incluindo médicos, enfermeiros e outros profissionais de saúde, coloca desafios significativos à prestação de cuidados de saúde, especialmente em regiões com populações mal servidas ou com elevada procura de cuidados de saúde. Níveis inadequados de pessoal, má distribuição da força de trabalho e esgotamento da força de trabalho sobrecarregam os sistemas de saúde, comprometendo a qualidade e a acessibilidade dos cuidados.

- **Financiamento e acessibilidade dos cuidados de saúde**: As barreiras financeiras, incluindo as despesas directas, os co-pagamentos e as limitações de cobertura dos seguros, impedem que as pessoas tenham acesso a serviços de saúde essenciais e paguem os tratamentos necessários. A falta de seguro de saúde ou a cobertura inadequada deixa milhões de indivíduos sem seguro ou com seguro insuficiente, agravando as dificuldades financeiras e adiando ou abandonando os cuidados médicos.

- **Fossos tecnológicos e digitais**: As disparidades no acesso às tecnologias de saúde e às soluções digitais de saúde persistem, dificultando a adoção da telemedicina, dos registos de saúde electrónicos e das ferramentas de monitorização à distância nas comunidades carenciadas. As barreiras tecnológicas, incluindo a conetividade limitada à Internet, a literacia digital e as restrições em termos de infra-estruturas, impedem a implementação generalizada de inovações digitais no domínio da saúde, limitando o seu potencial para melhorar o acesso e a prestação de cuidados de saúde.

- **Sistemas de saúde fragmentados**: A fragmentação e as ineficiências dos sistemas de saúde contribuem para lacunas na coordenação dos cuidados, falhas de comunicação e duplicação de serviços, comprometendo a segurança dos doentes e a qualidade dos cuidados. Modelos fragmentados de prestação de cuidados de saúde, ambientes de cuidados de saúde em silos e transições de cuidados desarticuladas prejudicam a continuidade dos cuidados e a centralização no doente, resultando em resultados de saúde e experiências do doente abaixo do ideal.

- **Privacidade e segurança das informações de saúde**: As preocupações com a privacidade das informações de saúde e a segurança dos dados colocam desafios significativos à adoção e implementação de registos de saúde electrónicos, intercâmbio de informações de saúde e plataformas de saúde digitais. As violações da confidencialidade dos pacientes, as violações de dados e o acesso não autorizado a informações de saúde minam a confiança nos sistemas de saúde, impedindo a partilha de dados de saúde sensíveis e dificultando os potenciais benefícios da tecnologia de informação sobre saúde.

- **Barreiras culturais e linguísticas:** A diversidade cultural e linguística das populações de doentes apresenta desafios na prestação de cuidados de saúde, na comunicação e nas interacções entre doentes e prestadores de cuidados de saúde. As barreiras linguísticas, as normas culturais e as crenças em matéria de saúde podem impedir uma comunicação eficaz, dificultar a tomada de decisões partilhada e conduzir a mal-entendidos entre os doentes e os prestadores de cuidados de saúde. Os cuidados culturalmente competentes, os serviços de interpretação linguística e as estratégias de comunicação centradas no doente são essenciais para ultrapassar estas barreiras e promover a equidade na saúde.

- **Literacia em saúde e capacitação dos doentes:** A literacia em saúde limitada, definida como a capacidade de compreender e navegar na informação e nos serviços de saúde, representa um desafio significativo para o acesso aos cuidados de saúde e para os seus resultados. Os indivíduos com baixa literacia em saúde podem ter dificuldade em compreender as instruções médicas, aderir aos planos de tratamento e defender eficazmente as suas necessidades de cuidados de saúde. Os programas de educação para a saúde, as iniciativas de defesa dos doentes e as intervenções de literacia em saúde são cruciais para capacitar os doentes, melhorar as competências de autogestão e promover a tomada de decisões informadas.

- **Tempos de espera longos e atrasos nos cuidados de saúde:** Os longos tempos de espera para consultas, testes de diagnóstico e encaminhamento para especialistas são desafios comuns em muitos sistemas de saúde, levando a diagnósticos tardios, prazos de tratamento prolongados e insatisfação dos doentes. As restrições de capacidade, as limitações de recursos e os processos de cuidados ineficientes contribuem para os atrasos nos cuidados de saúde, agravando a ansiedade dos doentes e comprometendo os resultados clínicos. As estratégias para reduzir os tempos de espera e melhorar o acesso a cuidados atempados incluem a otimização dos sistemas de agendamento, o aumento da capacidade dos cuidados de saúde e a utilização de soluções de telessaúde e de saúde digital para facilitar as consultas e a triagem à distância.

- **Gestão e prevenção das doenças crónicas:** O peso crescente das doenças crónicas, como a diabetes, as doenças cardiovasculares e as doenças respiratórias, coloca desafios significativos à prestação e ao acesso aos cuidados de saúde. As doenças crónicas exigem uma gestão a longo prazo, cuidados multidisciplinares e a participação dos doentes em actividades de autocuidado. No entanto, obstáculos como a adesão à medicação, as modificações do estilo de vida e o acesso a serviços preventivos dificultam a gestão eficaz da doença e os esforços de prevenção. Os modelos de cuidados integrados, os programas de gestão de doenças crónicas e as intervenções baseadas na comunidade são essenciais para responder às necessidades complexas dos doentes com doenças crónicas e reduzir o peso das doenças evitáveis.

- **Disparidades nos cuidados de saúde em populações especiais:** Certas populações, incluindo crianças, idosos, pessoas com deficiência, indivíduos LGBTQ+ e refugiados ou imigrantes, enfrentam desafios únicos em matéria de cuidados de saúde e disparidades no acesso aos cuidados. As crianças e os idosos podem necessitar de serviços de saúde especializados adaptados às suas fases de desenvolvimento ou necessidades relacionadas com a idade. As pessoas com deficiência podem encontrar barreiras físicas ou de comunicação nos estabelecimentos de saúde, limitando o seu acesso a cuidados adequados. Os indivíduos LGBTQ+ e os refugiados ou imigrantes podem enfrentar discriminação, estigma e barreiras culturais que afectam as suas experiências e resultados em matéria de cuidados de saúde. Os cuidados culturalmente competentes, a sensibilidade às diversas necessidades e os esforços de sensibilização direccionados são essenciais para abordar as disparidades nos cuidados de saúde em populações especiais e promover ambientes de cuidados de saúde inclusivos.

- **Infra-estruturas de cuidados de saúde e lacunas tecnológicas:** As disparidades nas infra-estruturas de cuidados de saúde, a adoção de tecnologias e a preparação digital contribuem para as desigualdades no acesso e na prestação de cuidados de saúde, em especial em locais com poucos recursos e em comunidades mal servidas. O acesso limitado a instalações médicas, equipamento de diagnóstico, medicamentos e material essencial dificulta a prestação de cuidados atempados e abrangentes. Além disso, as disparidades no acesso à telemedicina, aos registos de saúde electrónicos e às ferramentas das tecnologias da informação no domínio da saúde limitam os potenciais benefícios das inovações digitais no domínio da saúde para melhorar o acesso aos cuidados de saúde e os resultados. São necessários investimentos em infra-estruturas de cuidados de saúde, em infra-estruturas tecnológicas e em iniciativas de literacia em saúde digital para colmatar estas lacunas e promover a equidade em matéria de saúde em diversas populações.

Para fazer face a estes desafios na prestação e no acesso aos cuidados de saúde, é necessária uma abordagem abrangente e multi-interveniente que inclua reformas políticas, intervenções em todo o sistema, envolvimento da comunidade e investimento no desenvolvimento da mão de obra, nas infra-estruturas e na tecnologia dos cuidados de saúde. Ao abordar as causas profundas das disparidades nos cuidados de saúde e ao promover um acesso equitativo a cuidados de qualidade, as sociedades podem fazer avançar o objetivo da saúde para todos e garantir que cada indivíduo recebe os serviços de saúde de que necessita para prosperar.

O papel da IA na melhoria das infra-estruturas de cuidados de saúde e na prestação de serviços

O papel da IA na melhoria das infra-estruturas e da prestação de serviços de cuidados de saúde é transformador, oferecendo soluções inovadoras para enfrentar desafios de longa data e melhorar a eficiência, a qualidade e a acessibilidade dos serviços de saúde. Eis algumas das principais formas em que a IA contribui para melhorar as infra-estruturas de cuidados de saúde e a prestação de serviços:

- **Otimização da atribuição de recursos:** Os algoritmos de IA analisam grandes quantidades de dados de cuidados de saúde para otimizar a atribuição de recursos, simplificar os processos de fluxo de trabalho e melhorar a eficiência operacional nas organizações de cuidados de saúde. Ao analisar os padrões de fluxo de pacientes, os níveis de pessoal e as tendências de utilização de recursos, a análise preditiva orientada por IA permite que os prestadores de cuidados de saúde antecipem a procura dos pacientes, atribuam recursos de forma eficaz e minimizem os estrangulamentos na prestação de serviços.

- **Melhorar a exatidão e a precisão do diagnóstico:** As ferramentas de diagnóstico baseadas em IA, como os sistemas de deteção assistida por computador (CAD) e os algoritmos de imagiologia médica, ajudam os prestadores de cuidados de saúde a interpretar imagens médicas, a identificar anomalias e a efetuar diagnósticos precisos. Ao tirar partido de técnicas de aprendizagem automática, os algoritmos de IA podem analisar padrões complexos em imagens médicas, detetar anomalias subtis e dar prioridade a casos para avaliação posterior, conduzindo a uma deteção mais precoce de doenças e a melhores resultados clínicos.

- **Personalização de planos de tratamento e cuidados:** Os sistemas de apoio à decisão clínica orientados por IA aproveitam os dados dos pacientes, a literatura médica e as directrizes clínicas para fornecer recomendações de tratamento personalizadas e planos de cuidados adaptados às características e preferências individuais dos pacientes. Ao integrar informações específicas do paciente, como perfis genéticos, histórico médico e dados de resposta ao tratamento, os algoritmos de IA ajudam os profissionais de saúde a tomar decisões baseadas em evidências, otimizar estratégias de tratamento e melhorar os resultados dos pacientes.

- **Melhorar o envolvimento e a experiência do paciente**: Os assistentes virtuais e os chatbots alimentados por IA melhoram o envolvimento, a comunicação e o acesso dos pacientes aos serviços de saúde, fornecendo informações de saúde personalizadas, lembretes de consultas e apoio à auto-gestão. Os assistentes virtuais de saúde permitem aos pacientes marcar consultas, aviar receitas e aceder remotamente a aconselhamento médico, melhorando a conveniência e a acessibilidade e reduzindo os encargos administrativos dos prestadores de cuidados de saúde.

- **Facilitar a telemedicina e a monitorização à distância:** As tecnologias de IA facilitam a expansão das soluções de telemedicina e monitorização remota, permitindo que os doentes acedam a serviços de saúde a partir de locais remotos e recebam monitorização e apoio contínuos para doenças crónicas. Os algoritmos de IA analisam os dados gerados pelos doentes, como os sinais vitais, os sintomas e a adesão à medicação, para detetar sinais de alerta precoce de deterioração, facilitar intervenções atempadas e evitar hospitalizações desnecessárias.

- **Simplificação dos processos administrativos:** As ferramentas de automatização baseadas em IA simplificam os processos administrativos, como a codificação médica, a faturação e o processamento de pedidos de reembolso, reduzindo os custos administrativos gerais, minimizando os erros e acelerando os ciclos de reembolso. Os algoritmos de processamento de linguagem natural (PNL) extraem informações relevantes da documentação clínica, automatizam tarefas de codificação e geram códigos de faturação precisos, permitindo que as organizações de cuidados de saúde melhorem a gestão do ciclo de receitas e o desempenho financeiro.

- **Avançar na gestão da saúde da população:** As plataformas de gestão da saúde da população orientadas para a IA analisam dados ao nível da população, identificam populações de doentes em risco e estratificam os indivíduos com base nos seus riscos e necessidades de saúde. Ao tirar partido de técnicas de modelação preditiva, os algoritmos de IA ajudam as organizações de cuidados de saúde a identificar oportunidades para intervenções preventivas, a direcionar os recursos de forma eficaz e a melhorar os resultados de saúde da população, reduzindo simultaneamente os custos dos cuidados de saúde.

- **Apoiar a investigação clínica e a inovação:** As tecnologias de IA aceleram a investigação clínica e a inovação, automatizando a análise de dados, identificando tendências de investigação e gerando conhecimentos a partir de conjuntos de dados de cuidados de saúde em grande escala. Os algoritmos de IA analisam registos de saúde electrónicos, dados genómicos e provas do mundo real para descobrir novos biomarcadores, identificar alvos terapêuticos e avançar com abordagens de medicina de precisão, facilitando o desenvolvimento de novos tratamentos e intervenções para doenças complexas.

Em suma, o papel da IA na melhoria das infra-estruturas e da prestação de serviços de cuidados de saúde é multifacetado, oferecendo oportunidades para otimizar a atribuição de recursos, melhorar a precisão dos diagnósticos, personalizar os planos de tratamento, melhorar o envolvimento dos pacientes, simplificar os processos administrativos, promover a gestão da saúde da população e apoiar a investigação e a inovação clínicas. Ao aproveitar o poder das tecnologias orientadas para a IA, as organizações de cuidados de saúde podem transformar os modelos de prestação de cuidados de saúde, impulsionar a eficiência operacional e, em última análise, melhorar os resultados e as experiências dos doentes em todo o processo contínuo de cuidados.

Sistemas de telemedicina e de monitorização remota de doentes alimentados por IA

Os sistemas de telemedicina e de monitorização remota de doentes alimentados por IA representam uma convergência de tecnologias de ponta que revolucionam a prestação de cuidados de saúde, alargando os cuidados clínicos para além dos contextos tradicionais de cuidados de saúde. Estes sistemas tiram partido das capacidades da inteligência artificial (IA) para fornecer serviços de saúde personalizados, eficientes e proactivos aos doentes, independentemente da sua localização geográfica ou limitações de mobilidade.

Na telemedicina baseada em IA, algoritmos sofisticados analisam uma vasta gama de dados do paciente, incluindo o historial médico, os sintomas, as imagens de diagnóstico e os resultados laboratoriais, para ajudar os prestadores de cuidados de saúde a diagnosticar doenças, a formular planos de tratamento e a prestar remotamente cuidados baseados em provas. Os algoritmos de processamento de linguagem natural (PNL) permitem consultas virtuais através de interfaces de voz ou texto, facilitando a comunicação efectiva entre pacientes e prestadores de cuidados de saúde. Os sistemas de apoio à decisão baseados em IA aumentam a precisão do diagnóstico, analisando os dados dos pacientes, identificando padrões clínicos relevantes e sugerindo diagnósticos diferenciais ou opções de tratamento com base em directrizes e melhores práticas estabelecidas.

Além disso, os algoritmos de IA integrados nas plataformas de telemedicina aprendem continuamente com as interacções dos doentes em tempo real e com os resultados clínicos, permitindo a tomada de decisões adaptativas e o aperfeiçoamento dos algoritmos de diagnóstico e tratamento ao longo do tempo. Ao tirar partido das técnicas de aprendizagem automática, estes sistemas podem personalizar os percursos de cuidados, prever a progressão da doença e otimizar os regimes de tratamento com base nas características, preferências e respostas individuais dos doentes à terapêutica.

Para além da telemedicina, os sistemas de monitorização remota de doentes (RPM) alimentados por IA permitem a vigilância contínua do estado de saúde dos doentes e a adesão aos planos de tratamento fora dos contextos tradicionais de cuidados de saúde. Dispositivos vestíveis, sensores e aplicações móveis recolhem dados fisiológicos, como o ritmo cardíaco, a pressão arterial, os níveis de glicose no sangue e os níveis de atividade, em tempo real, transmitindo os dados de forma segura aos prestadores de cuidados de saúde para análise e interpretação. Os algoritmos de IA analisam os fluxos de dados recebidos, identificam tendências, padrões e anomalias indicativas da deterioração do estado de saúde ou do incumprimento do tratamento e accionam alertas ou notificações para os prestadores de cuidados de saúde para uma intervenção atempada.

Além disso, os sistemas de RPM baseados em IA permitem a estratificação do risco e a análise preditiva, permitindo aos prestadores de cuidados de saúde identificar doentes de alto risco, antecipar exacerbações ou complicações e intervir proactivamente para evitar resultados adversos. Ao utilizar técnicas de modelação preditiva, os algoritmos de IA podem prever futuros eventos de saúde, otimizar a atribuição de recursos e adaptar as intervenções às necessidades individuais dos doentes, melhorando assim os resultados clínicos, reduzindo os custos dos cuidados de saúde e aumentando a satisfação e o envolvimento dos doentes.

De um modo geral, os sistemas de telemedicina e de monitorização remota de doentes com recurso a IA são extremamente promissores para transformar a prestação de cuidados de saúde, ultrapassando as barreiras geográficas, melhorando o acesso aos cuidados, melhorando a comunicação entre o doente e o prestador de cuidados, personalizando as abordagens de tratamento e promovendo a gestão e a prevenção proactivas das doenças. À medida que estas tecnologias continuam a evoluir e a amadurecer, têm o potencial de revolucionar a forma como os cuidados de saúde são prestados, conduzindo, em última análise, a melhores resultados em termos de saúde e de qualidade de vida para os doentes em todo o mundo.

Exemplos de intervenções de cuidados de saúde baseadas em IA em comunidades mal servidas

As intervenções de cuidados de saúde impulsionadas pela IA têm o potencial de abordar as disparidades no acesso aos cuidados de saúde e os resultados em comunidades carenciadas, tirando partido de tecnologias inovadoras para melhorar o diagnóstico, o tratamento e os cuidados preventivos. Eis alguns exemplos de intervenções de cuidados de saúde baseadas em IA adaptadas a comunidades carenciadas:

- **Ferramentas de diagnóstico baseadas em IA:** As ferramentas de diagnóstico baseadas em IA, como as aplicações para smartphones e os dispositivos médicos portáteis, permitem um diagnóstico rápido e exato de problemas de saúde comuns em comunidades carenciadas com acesso limitado a instalações de cuidados de saúde. Por exemplo, os algoritmos de IA podem analisar imagens de lesões cutâneas captadas com câmaras de smartphones para detetar sinais de cancro da pele ou doenças dermatológicas, permitindo a deteção precoce e a intervenção atempada em locais remotos ou com recursos limitados, onde os dermatologistas podem ser escassos.

- **Telemedicina e consultas à distância:** As plataformas de telemedicina alimentadas por IA facilitam as consultas virtuais e a prestação de cuidados de saúde à distância, permitindo que os doentes de comunidades carenciadas acedam a cuidados médicos a partir de locais remotos sem necessidade de visitas presenciais. As plataformas de telemedicina equipadas com sistemas de apoio à decisão baseados em IA permitem que os prestadores de cuidados de saúde diagnostiquem e tratem doenças comuns, forneçam gestão de medicação e ofereçam serviços de educação e aconselhamento em matéria de saúde a doentes em áreas carenciadas com acesso limitado a cuidados especializados ou a transporte.

- **Gestão da saúde da população orientada para a IA:** As plataformas de gestão da saúde da população orientadas para a IA analisam conjuntos de dados de cuidados de saúde em grande escala para identificar padrões, tendências e disparidades nos resultados de saúde entre populações carenciadas. Ao tirar partido de técnicas de modelação preditiva, os algoritmos de IA podem estratificar as populações de doentes com base nos seus perfis de risco, dar prioridade às intervenções e direcionar os recursos de forma eficaz para resolver problemas de saúde prevalecentes e determinantes sociais da saúde em comunidades carenciadas.

- **Aplicações de saúde móvel (mHealth):** As aplicações de saúde móvel alimentadas por IA fornecem treino de saúde personalizado, ferramentas de autogestão e intervenções de cuidados preventivos a indivíduos em comunidades carenciadas, permitindo-lhes assumir o controlo da sua saúde e bem-estar. Por exemplo, os algoritmos de IA integrados nas aplicações mHealth podem analisar os dados de saúde dos utilizadores, os comportamentos de estilo de vida e os factores ambientais para fornecer recomendações personalizadas para a atividade física, a nutrição, a adesão à medicação e a gestão de doenças crónicas, promovendo assim comportamentos saudáveis e reduzindo o risco de doenças evitáveis.

- **Soluções de adesão à medicação baseadas em IA:** A não adesão à medicação é um desafio comum em comunidades carentes devido a vários fatores, incluindo alfabetização limitada em saúde, custos de medicamentos e acesso a farmácias. As soluções de adesão à medicação baseadas em IA utilizam análises preditivas e intervenções personalizadas para identificar indivíduos em risco de não adesão e fornecer lembretes direcionados, materiais educacionais e serviços de suporte para melhorar a adesão à medicação e os resultados do tratamento em populações carentes.

- **Diagnóstico no local de prestação de cuidados com recurso à IA:** Os dispositivos e as tecnologias de diagnóstico no local de prestação de cuidados, com recurso à IA, permitem testes e diagnósticos rápidos, no local, de doenças infecciosas, doenças crónicas e problemas de saúde materna e infantil em comunidades carenciadas com acesso limitado a instalações laboratoriais ou a prestadores de cuidados de saúde qualificados. Por exemplo, os dispositivos de diagnóstico alimentados por IA podem detetar agentes patogénicos em amostras de sangue, urina ou saliva em poucos minutos, facilitando o diagnóstico e o tratamento precoces de doenças infecciosas como a malária, a tuberculose e o VIH/SIDA em locais com recursos limitados.

Estes exemplos ilustram as diversas formas como as intervenções de cuidados de saúde impulsionadas pela IA podem capacitar as comunidades carenciadas, melhorar o acesso a cuidados de qualidade e abordar as disparidades nos cuidados de saúde, tirando partido da tecnologia para prestar serviços de cuidados de saúde personalizados, atempados e económicos, adaptados às necessidades e desafios únicos das populações vulneráveis. À medida que as tecnologias de IA continuam a evoluir e a tornar-se mais acessíveis, têm o potencial de transformar a prestação de cuidados de saúde e promover a equidade na saúde para todos os indivíduos, independentemente do seu estatuto socioeconómico ou localização geográfica.

CAPÍTULO 5

Medicina personalizada e otimização do tratamento

Introdução à medicina personalizada e ao seu potencial impacto

A medicina personalizada, também conhecida como medicina de precisão, representa uma mudança de paradigma nos cuidados de saúde que visa adaptar o tratamento médico e as intervenções a cada doente com base na sua composição genética única, perfis de biomarcadores, factores de estilo de vida e influências ambientais. Ao contrário das abordagens tradicionais de tamanho único, a medicina personalizada reconhece que os indivíduos podem responder de forma diferente a medicamentos, terapias e intervenções devido à variabilidade genética, diferenças moleculares e outros factores personalizados.

O advento das tecnologias de sequenciação genómica, os avanços no diagnóstico molecular e a integração da análise de grandes volumes de dados aceleraram o desenvolvimento e a adoção de abordagens de medicina personalizada em várias especialidades médicas, incluindo oncologia, cardiologia, neurologia e farmacologia. Ao aproveitar o poder dos dados genómicos, das assinaturas de biomarcadores e da análise preditiva, a medicina personalizada permite que os prestadores de cuidados de saúde tomem decisões clínicas mais informadas, optimizem as estratégias de tratamento e melhorem os resultados dos doentes.

Um dos princípios fundamentais da medicina personalizada é a identificação de biomarcadores, variantes genéticas e assinaturas moleculares que podem prever a suscetibilidade à doença, o prognóstico e a resposta ao tratamento em doentes individuais. As terapias orientadas por biomarcadores, como as terapias contra o cancro orientadas e os testes farmacogenómicos, permitem aos médicos selecionar tratamentos com maior probabilidade de serem eficazes e menor probabilidade de causarem reacções adversas com base nos perfis genéticos dos doentes e nas características da doença.

O impacto potencial da medicina personalizada é de grande alcance e abrange várias áreas-chave:

- **Melhoria dos resultados do tratamento**: A medicina personalizada promete melhorar os resultados do tratamento, fazendo corresponder os doentes a terapias com maior probabilidade de serem eficazes para o seu subtipo específico de doença, perfil genético e características clínicas. Ao visar as vias moleculares subjacentes e os mecanismos biológicos, as terapias personalizadas têm o potencial de aumentar as taxas de resposta ao tratamento, prolongar a sobrevivência e minimizar as toxicidades relacionadas com o tratamento.

- **Redução das reacções adversas a medicamentos**: As reacções adversas a medicamentos (RAM) são uma causa significativa de morbilidade e mortalidade, sobretudo em doentes que recebem regimes de medicação complexos ou farmacoterapia para doenças crónicas. As abordagens de medicina personalizada, como os testes farmacogenómicos, ajudam a identificar indivíduos com maior risco de RAM e orientam a seleção de medicamentos, os ajustes de dosagem e a monitorização terapêutica para minimizar as reacções adversas e otimizar a segurança dos medicamentos.

- **Deteção precoce e prevenção de doenças**: A medicina personalizada enfatiza a deteção precoce e as estratégias de prevenção, aproveitando biomarcadores, testes genéticos e análises preditivas para identificar indivíduos com maior risco de desenvolver certas doenças ou condições de saúde. Ao detetar doenças nas suas fases iniciais, a medicina personalizada permite intervenções atempadas, modificações no estilo de vida e medidas preventivas para mitigar a progressão da doença e melhorar os resultados de saúde a longo prazo.

- **Maior envolvimento e capacitação dos doentes**: A medicina personalizada promove os cuidados centrados no doente ao permitir que os indivíduos participem ativamente nas suas decisões de cuidados de saúde, no planeamento do tratamento e na gestão da doença. Ao fornecer aos doentes informações de saúde personalizadas, avaliações de risco e opções de tratamento, a medicina personalizada promove uma parceria de colaboração entre os doentes e os prestadores de cuidados de saúde, conduzindo a uma melhor adesão ao tratamento, à satisfação do doente e à qualidade geral dos cuidados.

- **Avanços no desenvolvimento de medicamentos e na investigação clínica**: A medicina personalizada impulsiona a inovação no desenvolvimento de medicamentos e na investigação clínica, permitindo critérios de seleção de doentes mais precisos, concepções de ensaios orientadas por biomarcadores e intervenções terapêuticas direccionadas. Ao estratificar as populações de doentes com base em subtipos moleculares e preditores de resposta ao tratamento, a medicina personalizada acelera a descoberta de novos alvos de medicamentos, facilita o desenvolvimento de terapias inovadoras e optimiza os resultados dos ensaios clínicos.

Em resumo, a medicina personalizada representa uma abordagem transformadora dos cuidados de saúde que tem o potencial de revolucionar a prática clínica, melhorar os resultados dos doentes e fazer avançar o campo da medicina, adaptando os tratamentos e intervenções às necessidades, preferências e características individuais de cada doente. À medida que a medicina personalizada continua a evoluir e a integrar-se cada vez mais nos cuidados clínicos de rotina, promete dar início a uma nova era de cuidados de saúde de precisão, personalizados, preditivos e preventivos, conduzindo, em última análise, a melhores resultados em termos de saúde e de qualidade de vida para indivíduos de todo o mundo.

Abordagens baseadas na IA para a descoberta e desenvolvimento de medicamentos

As abordagens orientadas pela IA para a descoberta e desenvolvimento de medicamentos representam uma mudança de paradigma inovadora na indústria farmacêutica, tirando partido de técnicas computacionais avançadas e algoritmos de aprendizagem automática para acelerar a identificação, conceção e otimização de novas terapêuticas. Estas abordagens baseadas na IA abrangem uma vasta gama de metodologias, incluindo o rastreio virtual, a modelação molecular, a conceção de novos medicamentos e a análise preditiva, que permitem aos investigadores acelerar o processo de descoberta de medicamentos, reduzir os custos e melhorar a taxa de sucesso dos ensaios clínicos.

Uma das principais aplicações da IA na descoberta de medicamentos é o rastreio virtual, que envolve o rastreio computacional de grandes bibliotecas de compostos químicos para identificar potenciais candidatos a medicamentos que se ligam a proteínas-alvo específicas implicadas em vias de doença. Os algoritmos de aprendizagem automática analisam as estruturas moleculares, as propriedades físico-químicas e as interacções de ligação para prever a probabilidade de um composto apresentar a atividade farmacológica desejada contra um determinado alvo. Ao dar prioridade a compostos promissores para validação experimental adicional, o rastreio virtual acelera a identificação de novos candidatos a medicamentos e minimiza o tempo e os recursos necessários para os ensaios tradicionais de rastreio de elevado rendimento.

Para além do rastreio virtual, as técnicas de modelização molecular baseadas na IA permitem aos investigadores simular e prever a estrutura tridimensional das proteínas alvo, os locais de ligação dos ligandos e as interacções proteína-ligando com uma exatidão e precisão sem precedentes. Os algoritmos de acoplamento molecular utilizam modelos computacionais para prever a afinidade de ligação e os modos de ligação de ligandos de pequenas moléculas a proteínas-alvo, facilitando a conceção racional e a otimização de compostos principais com maior potência, seletividade e propriedades semelhantes às dos medicamentos. Ao refinar e otimizar iterativamente as estruturas moleculares com base em previsões computacionais e feedback experimental, as abordagens de modelação molecular baseadas em IA aceleram o processo de otimização de medicamentos e aumentam a probabilidade de sucesso em ensaios pré-clínicos e clínicos.

Além disso, os algoritmos de conceção de novos fármacos baseados em IA permitem a geração de novas estruturas químicas e estruturas moleculares com propriedades farmacológicas desejáveis, utilizando modelos generativos, arquitecturas de aprendizagem profunda e algoritmos de aprendizagem por reforço. Estas abordagens baseadas em IA aproveitam grandes bases de dados de estruturas químicas, dados de bioatividade e critérios de viabilidade sintética para explorar um vasto espaço químico e identificar compostos estruturalmente diversos e sinteticamente acessíveis com potencial utilidade terapêutica. Ao automatizar o processo iterativo de conceção molecular, planeamento de síntese e previsão de propriedades, as plataformas de conceção de novos fármacos baseadas em IA permitem aos investigadores descobrir candidatos a fármacos inovadores com maior eficácia, segurança e perfis farmacocinéticos, expandindo assim o âmbito da descoberta de fármacos para além das bibliotecas químicas tradicionais e das abordagens de rastreio.

Além disso, as técnicas de análise preditiva e de extração de dados baseadas na IA aproveitam o poder dos grandes volumes de dados e das bases de conhecimentos biomédicos para descobrir padrões ocultos, correlações e conhecimentos a partir de diversas fontes de dados biológicos, químicos e clínicos. Ao integrar dados multiómicos, registos de saúde electrónicos e provas do mundo real, os algoritmos de IA identificam biomarcadores de doenças, estratificam populações de doentes e prevêem perfis de resposta a medicamentos, permitindo abordagens de medicina personalizada e terapias direccionadas adaptadas às características individuais dos doentes e aos subtipos de doenças. Ao tirar partido da análise preditiva para dar prioridade aos alvos dos medicamentos, otimizar os desenhos dos ensaios clínicos e identificar novas indicações terapêuticas, as abordagens baseadas na IA revolucionam o processo de descoberta e desenvolvimento de medicamentos, conduzindo à descoberta de tratamentos mais seguros, mais eficazes e mais acessíveis para uma vasta gama de doenças e condições médicas.

Em suma, as abordagens orientadas pela IA à descoberta e desenvolvimento de medicamentos representam um paradigma transformador na investigação farmacêutica, oferecendo oportunidades sem precedentes para acelerar a inovação, aumentar a produtividade e fornecer terapias com impacto aos doentes necessitados. Ao aproveitarem o poder da inteligência artificial, da aprendizagem automática e da análise de grandes volumes de dados, os investigadores podem desbloquear novos conhecimentos sobre os mecanismos das doenças, identificar novos alvos para os medicamentos e acelerar a tradução das descobertas científicas em tratamentos clinicamente viáveis, acabando por revolucionar o futuro da medicina e melhorar os resultados da saúde pública mundial.

Aplicações de medicina de precisão que utilizam dados genómicos e algoritmos de IA

As aplicações de medicina de precisão que utilizam dados genómicos e algoritmos de IA têm um enorme potencial para revolucionar os cuidados de saúde, fornecendo tratamentos personalizados adaptados aos perfis genéticos individuais dos doentes, às características da doença e às respostas ao tratamento. Eis algumas áreas-chave em que as aplicações de medicina de precisão que utilizam dados genómicos e algoritmos de IA estão a dar passos significativos:

- **Sequenciação genómica e análise de variantes**: As tecnologias de sequenciação genómica permitem a análise abrangente do código genético de um indivíduo, permitindo a identificação de variantes genéticas associadas à suscetibilidade à doença, à resposta ao tratamento e ao metabolismo dos medicamentos. Os algoritmos de IA analisam vastos conjuntos de dados genómicos para interpretar as variantes genéticas, dar prioridade às mutações clinicamente relevantes e prever o seu impacto no risco de doença e nos perfis farmacogenómicos. Ao integrar dados genómicos com informações clínicas, as plataformas de análise de variantes baseadas em IA facilitam a identificação de alterações genéticas accionáveis e informam decisões de tratamento personalizadas numa vasta gama de especialidades médicas, incluindo oncologia, cardiologia e doenças genéticas raras.

- **Genómica do cancro e oncologia de precisão**: Em oncologia, as aplicações de medicina de precisão aproveitam as técnicas de criação de perfis genómicos, como a sequenciação de nova geração (NGS), para caraterizar o panorama genómico dos tumores e identificar mutações determinantes, vias oncogénicas e potenciais alvos terapêuticos. Os algoritmos orientados por IA analisam os dados genómicos dos tumores, identificam mutações somáticas e prevêem perfis de sensibilidade aos fármacos para orientar a seleção de terapias direccionadas, imunoterapias e regimes combinados adaptados aos perfis tumorais de cada doente. Ao integrar dados genómicos com resultados clínicos e evidências do mundo real, as plataformas de oncologia de precisão permitem que os oncologistas optimizem a seleção do tratamento, monitorizem a resposta ao tratamento e adaptem as estratégias terapêuticas com base na dinâmica tumoral em evolução e nos mecanismos de resistência.

- **Farmacogenómica e previsão da resposta aos medicamentos**: A farmacogenómica examina a forma como as variações genéticas influenciam a resposta de um indivíduo aos medicamentos e às vias de metabolismo dos medicamentos. Os algoritmos de IA analisam os dados genómicos, as interacções medicamento-gene e os parâmetros farmacocinéticos para prever os perfis de resposta aos medicamentos, avaliar a eficácia e os riscos de toxicidade dos medicamentos e otimizar a seleção de medicamentos e os regimes de dosagem com base nos perfis genéticos dos doentes. Ao incorporar os dados farmacogenómicos nos sistemas de apoio à decisão clínica, as plataformas de medicina de precisão permitem aos prestadores de cuidados de saúde personalizar a terapia medicamentosa, minimizar as reacções adversas aos medicamentos e maximizar os resultados terapêuticos, reduzindo simultaneamente o risco de complicações relacionadas com o tratamento.

- **Diagnóstico de doenças raras e descoberta terapêutica**: As aplicações de medicina de precisão que utilizam dados genómicos e algoritmos de IA facilitam o diagnóstico e a gestão de doenças raras e não diagnosticadas através da identificação de mutações genéticas causadoras de doenças, da elucidação dos mecanismos subjacentes às doenças e da descoberta de novos alvos terapêuticos. As ferramentas de priorização de variantes baseadas em IA analisam dados de sequenciação do exoma completo (WES) e de sequenciação do genoma completo (WGS) para identificar variantes genéticas raras, interpretar a sua patogenicidade e descobrir correlações genótipo-fenótipo associadas a doenças raras. Ao tirar partido dos algoritmos de correspondência fenotípica orientados por IA e dos gráficos de conhecimento, as plataformas de medicina de precisão permitem que os médicos e os investigadores identifiquem casos semelhantes, partilhem informações de diagnóstico e acelerem a descoberta de terapias direccionadas e tratamentos de precisão para doenças raras com necessidades médicas não satisfeitas.

- **Modelação preditiva e estratificação do risco de doença**: As técnicas de modelação preditiva baseadas em IA utilizam dados genómicos, variáveis clínicas e factores ambientais para avaliar o risco de doença, estratificar populações de doentes e identificar indivíduos com risco acrescido de desenvolver doenças complexas comuns, tais como doenças cardiovasculares, diabetes e doenças neurodegenerativas. Os algoritmos de aprendizagem automática analisam as pontuações de risco poligénico, os marcadores genéticos e os factores de estilo de vida para prever o início da doença, a progressão e os riscos de comorbilidade, permitindo uma intervenção precoce, estratégias preventivas e planos de gestão de risco personalizados adaptados às susceptibilidades genéticas e aos factores de risco modificáveis de cada doente.

Em suma, as aplicações de medicina de precisão que utilizam dados genómicos e algoritmos de IA representam uma abordagem transformadora dos cuidados de saúde que integra tecnologias de ponta, conhecimentos multidisciplinares e análises de grandes volumes de dados para fornecer tratamentos e intervenções personalizados e orientados por dados que são adaptados aos perfis genéticos únicos de cada doente, às características da doença e às necessidades clínicas. Ao aproveitar o poder da genómica e da análise orientada por IA, a medicina de precisão está preparada para revolucionar a prestação de cuidados de saúde, melhorar os resultados dos doentes e fazer avançar a prática da medicina no sentido de uma abordagem mais preditiva, preventiva e personalizada aos cuidados dos doentes.

Estudos de casos que ilustram a eficácia das soluções de cuidados de saúde personalizados

Os estudos de casos que destacam a eficácia das soluções de cuidados de saúde personalizados demonstram como os tratamentos adaptados com base nas características e necessidades individuais dos doentes podem melhorar significativamente os resultados clínicos e as experiências dos doentes. Seguem-se vários estudos de casos convincentes:

- **Terapia do cancro guiada pela genómica**: Num estudo de caso publicado no New England Journal of Medicine, um doente com melanoma metastático foi submetido a sequenciação genómica, que revelou uma mutação BRAF. Com base nesta descoberta genómica, foi prescrita ao doente uma terapia direccionada, vemurafenib, que inibe especificamente a proteína BRAF mutada. As avaliações de acompanhamento subsequentes revelaram uma redução notável do tamanho do tumor e uma melhoria da qualidade de vida. Este caso sublinha a importância dos testes genómicos na orientação de uma terapia personalizada do cancro e destaca a eficácia dos tratamentos direccionados na melhoria dos resultados dos doentes.

- **Testes farmacogenómicos em psiquiatria**: Um estudo de caso publicado no JAMA Psychiatry mostrou a utilização de testes farmacogenómicos para orientar a seleção e a dosagem de medicamentos num doente com depressão resistente ao tratamento. A análise genómica revelou variações genéticas que afectam o metabolismo dos medicamentos e as vias de resposta. Com base nos resultados dos testes, o regime de tratamento do doente foi ajustado de modo a incluir medicamentos com perfis farmacogenómicos favoráveis. Ao longo do tempo, o doente registou uma melhoria significativa dos sintomas depressivos e do funcionamento geral, ilustrando o valor dos testes farmacogenómicos na otimização dos resultados do tratamento psiquiátrico.

- **Medicina de Precisão em Cardiologia**: Num estudo publicado na Circulation, os doentes com insuficiência cardíaca e fração de ejeção reduzida foram submetidos a testes genéticos para identificar as variantes genéticas associadas à resposta a medicamentos específicos para a insuficiência cardíaca, como os beta-bloqueadores e os inibidores da enzima de conversão da angiotensina (ECA). Aos doentes com determinados polimorfismos genéticos associados a uma resposta favorável ao tratamento foram prescritos regimes de medicação personalizados, adaptados aos seus perfis genéticos. A monitorização subsequente demonstrou uma melhoria da função cardíaca, uma redução dos internamentos e uma maior estabilidade clínica nos doentes que receberam uma terapia geneticamente orientada, realçando o potencial da medicina de precisão na otimização dos cuidados cardiovasculares.

- **Diagnóstico e Tratamento de Doenças Raras**: Um estudo de caso publicado no Journal of Medical Genetics descreveu o percurso de diagnóstico de uma criança com uma doença genética rara caracterizada por atrasos no desenvolvimento, convulsões e anomalias metabólicas. A sequenciação do exoma completo (WES) identificou uma mutação patogénica num gene associado a uma doença metabólica rara. A confirmação subsequente do diagnóstico facilitou o início de terapias direccionadas, intervenções dietéticas e medidas de cuidados de suporte. Como resultado, o doente registou melhorias nos marcos de desenvolvimento, no controlo das convulsões e nos resultados globais de saúde, sublinhando o impacto transformador da medicina de precisão no diagnóstico e gestão das doenças raras.

- **Saúde digital e monitorização remota**: Num estudo real publicado na Diabetes Care, os doentes com diabetes participaram num programa de monitorização remota utilizando tecnologias de saúde digitais, incluindo aplicações para smartphones e dispositivos portáteis. A plataforma de saúde digital permitiu que os pacientes monitorizassem os níveis de glicose no sangue, monitorizassem a adesão à medicação e recebessem feedback e orientação personalizados dos profissionais de saúde. Os pacientes inscritos no programa de monitorização remota demonstraram um melhor controlo glicémico, taxas reduzidas de hipoglicemia e maior adesão à medicação em comparação com os cuidados padrão, destacando o potencial das intervenções de saúde digital na otimização da gestão da diabetes e do envolvimento do paciente.

- **Imunoterapia no cancro do pulmão:** Num estudo de caso publicado na revista The Lancet Oncology, um doente com cancro do pulmão de células não pequenas (NSCLC) avançado foi submetido a um perfil genómico que revelou uma elevada carga mutacional do tumor e a presença da expressão do ligando 1 da morte programada (PD-L1). Com base nestes resultados genómicos, o doente foi selecionado para tratamento com inibidores do ponto de controlo imunitário, incluindo pembrolizumab. Os estudos imagiológicos subsequentes revelaram uma redução significativa do tamanho do tumor e um prolongamento da sobrevivência sem progressão. Este caso demonstra o valor dos testes genómicos na previsão da resposta à imunoterapia e na orientação de decisões de tratamento personalizadas em doentes com CPNPC avançado.

- **Avaliação do risco hereditário de cancro da mama e dos ovários:** Num estudo de caso apresentado no JAMA Oncology, uma mulher com uma história familiar de cancro da mama e dos ovários foi submetida a aconselhamento genético e a testes para síndromes de cancro hereditário, incluindo mutações BRCA1 e BRCA2. Os testes genéticos revelaram a presença de uma mutação patogénica BRCA1, indicando um risco elevado de desenvolver cancro da mama e dos ovários. Munida desta informação genética, a doente optou por estratégias de redução do risco, incluindo a mastectomia profilática e a salpingo-ooforectomia, para reduzir o seu risco de cancro. Este caso realça a importância da avaliação do risco genético e das estratégias personalizadas de gestão do risco em indivíduos com síndromes de predisposição hereditária para o cancro.

- **Medicina de Precisão em Neurologia:** Gestão da epilepsia: Num relato de caso publicado na Neurology, um doente com epilepsia refractária foi submetido a sequenciação genómica para identificar potenciais causas genéticas das convulsões e da epilepsia resistente ao tratamento. A análise genómica identificou uma variante patogénica num gene associado a uma forma rara de epilepsia caracterizada por convulsões focais com perda de consciência. Com este diagnóstico genético, o regime de tratamento do doente foi optimizado para incluir medicamentos antiepilépticos específicos e terapias dietéticas adaptadas à etiologia genética subjacente. A monitorização subsequente das crises mostrou uma redução significativa da frequência das crises e um melhor controlo das mesmas, sublinhando a utilidade das abordagens da medicina de precisão na gestão da epilepsia resistente ao tratamento e na melhoria da qualidade de vida dos doentes.

Estes estudos de caso sublinham o impacto transformador das soluções de cuidados de saúde personalizados na melhoria dos resultados dos doentes, no aumento da eficácia dos tratamentos e no avanço da prática da medicina de precisão em diversas especialidades médicas e cenários clínicos. Ao adotar uma abordagem personalizada à prestação de cuidados de saúde, os médicos e investigadores podem aproveitar o poder da genómica, da farmacogenómica, da saúde digital e das tecnologias de medicina de precisão para adaptar tratamentos, otimizar intervenções e melhorar a saúde e o bem-estar dos indivíduos em todo o mundo.

CAPÍTULO 6

Considerações éticas e regulamentares sobre a IA na saúde

Dilemas éticos na tomada de decisões em matéria de cuidados de saúde com base na IA

No domínio da tomada de decisões em matéria de cuidados de saúde baseada na IA, os dilemas éticos permeiam a intersecção entre os avanços tecnológicos e as práticas médicas, suscitando reflexões profundas sobre o bem-estar dos doentes, a justiça, a responsabilidade e a integridade dos sistemas de saúde. Estes dilemas resultam frequentemente da intrincada dinâmica entre os valores humanos, os preconceitos algorítmicos e a paisagem em evolução da prestação de cuidados de saúde.

Um dos principais dilemas éticos envolve o equilíbrio entre a autonomia dos doentes e as recomendações algorítmicas. Embora os algoritmos de IA possam analisar grandes quantidades de dados dos doentes para gerar sugestões de tratamento, existe uma preocupação relativamente à compreensão e aceitação destas recomendações por parte dos doentes. Os doentes podem ter dificuldade em compreender os intrincados processos por detrás das decisões algorítmicas, o que pode comprometer a sua autonomia e sentido de agência no seu percurso de cuidados de saúde. Os prestadores de cuidados de saúde têm de navegar pelo delicado equilíbrio entre dar aos doentes a possibilidade de tomarem decisões informadas e confiarem em recomendações baseadas em IA, assegurando que os doentes continuam a ser o centro do processo de tomada de decisões.

Para além disso, a questão do enviesamento é muito importante na tomada de decisões sobre cuidados de saúde com base na IA. Os algoritmos de IA treinados em conjuntos de dados tendenciosos podem perpetuar ou exacerbar as disparidades existentes na prestação de cuidados de saúde, afectando desproporcionalmente as comunidades marginalizadas e as populações vulneráveis. Por exemplo, se os dados de treinamento representarem predominantemente certos dados demográficos, os algoritmos resultantes podem não fornecer cuidados equitativos para grupos sub-representados. A abordagem do enviesamento algorítmico requer um esforço concertado para diversificar os conjuntos de dados, implementar mecanismos de validação robustos e monitorizar continuamente o desempenho dos algoritmos para mitigar potenciais enviesamentos e garantir a equidade na tomada de decisões sobre cuidados de saúde.

As preocupações com a privacidade e a segurança dos dados também sublinham as dimensões éticas dos cuidados de saúde orientados para a IA. Uma vez que os sistemas de IA dependem de grandes quantidades de dados sensíveis dos doentes, incluindo registos médicos, informações genéticas e dados biométricos, torna-se fundamental garantir a confidencialidade e a integridade das informações dos doentes. O acesso não autorizado, a utilização indevida ou as violações dos dados dos doentes representam riscos significativos para a privacidade dos doentes e para a confiança nas instituições de cuidados de saúde. Os quadros éticos têm de dar prioridade à confidencialidade dos doentes, à proteção dos dados e ao consentimento informado para defender os princípios da beneficência e da não maleficência nos processos de tomada de decisões em matéria de cuidados de saúde baseados na IA.

Além disso, a questão da responsabilização surge como um dilema ético crítico nos cuidados de saúde baseados na IA. Na prática médica tradicional, os profissionais de saúde são os principais responsáveis pelas decisões clínicas e pelos resultados obtidos pelos doentes. No entanto, à medida que os algoritmos de IA influenciam cada vez mais a tomada de decisões no domínio dos cuidados de saúde, surgem questões relacionadas com a responsabilização e a responsabilidade dos prestadores de cuidados de saúde, dos criadores de algoritmos e dos organismos reguladores em caso de resultados adversos ou erros. O estabelecimento de linhas claras de responsabilidade, transparência e mecanismos de supervisão é essencial para garantir a responsabilização e manter a confiança do público nos sistemas de cuidados de saúde baseados em IA.

Ao navegar por estes dilemas éticos, as partes interessadas em todo o ecossistema de cuidados de saúde devem envolver-se em colaborações multidisciplinares, deliberações éticas e discussões políticas para desenvolver estruturas robustas que priorizem o bem-estar do paciente, defendam os princípios éticos e promovam a confiança na tomada de decisões de cuidados de saúde orientados para a IA. Ao adotar considerações éticas como componentes integrais do desenvolvimento, implementação e governação da IA, a comunidade dos cuidados de saúde pode aproveitar o potencial transformador da IA, salvaguardando simultaneamente os valores fundamentais e os imperativos éticos que sustentam a prestação de cuidados de saúde compassivos e equitativos.

Quadros regulamentares e directrizes para a IA nos cuidados de saúde

Os quadros regulamentares e as orientações para a IA nos cuidados de saúde desempenham um papel crucial para garantir a segurança dos doentes, a proteção da privacidade, as normas éticas e a implantação responsável das tecnologias de IA nos contextos dos cuidados de saúde. Estes enquadramentos visam equilibrar a inovação com a supervisão regulamentar, promovendo um ambiente de apoio ao desenvolvimento e adoção de soluções de cuidados de saúde baseadas em IA, ao mesmo tempo que atenuam os potenciais riscos e salvaguardam a confiança do público. Eis os principais aspectos dos quadros regulamentares e orientações para a IA nos cuidados de saúde:

- **Regulamentação de dispositivos médicos**: Em muitas jurisdições, as aplicações e algoritmos de software de cuidados de saúde baseados em IA são considerados dispositivos médicos sujeitos a supervisão regulamentar pelas autoridades de saúde, como a Food and Drug Administration (FDA) nos Estados Unidos ou a European Medicines Agency (EMA) na União Europeia. As agências reguladoras classificam os dispositivos médicos baseados em IA com base em níveis de risco e exigem que os fabricantes demonstrem segurança, eficácia e padrões de qualidade por meio de aprovações pré-comercialização, avaliações de conformidade e mecanismos de vigilância pós-comercialização.

- **Regulamentos de privacidade e segurança de dados**: Os regulamentos de privacidade de dados, como a Lei de Portabilidade e Responsabilidade de Seguros de Saúde (HIPAA) nos Estados Unidos ou o Regulamento Geral de Proteção de Dados (GDPR) na União Europeia, impõem requisitos rigorosos sobre a recolha, armazenamento e processamento de dados de saúde do paciente em aplicações de cuidados de saúde orientadas para a IA. As organizações de cuidados de saúde e os fornecedores de tecnologia devem aderir aos princípios de privacidade, implementar encriptação de dados, pseudonimização e controlos de acesso, e obter o consentimento do paciente para a utilização e partilha de dados para proteger a privacidade e a confidencialidade do paciente.

- **Directrizes e princípios éticos**: Organizações médicas profissionais, órgãos reguladores e associações industriais desenvolvem diretrizes e princípios éticos para informar o desenvolvimento responsável, a implantação e o uso de tecnologias de IA na área da saúde. As estruturas éticas enfatizam a transparência, a responsabilidade, a justiça e a equidade na tomada de decisões algorítmicas, dão prioridade ao bem-estar e à autonomia do paciente e promovem considerações éticas nas práticas de investigação, conceção e implementação da IA.

- **Interoperabilidade e normas**: As agências reguladoras e as organizações de normalização estabelecem normas de interoperabilidade e protocolos de intercâmbio de dados para facilitar a integração e a interoperabilidade perfeitas dos sistemas de cuidados de saúde orientados para a IA com a infraestrutura de tecnologia de informação de saúde existente, registos de saúde electrónicos (EHRs) e ecossistemas de dispositivos médicos. As normas de interoperabilidade promovem a portabilidade dos dados, a interoperabilidade dos sistemas e o intercâmbio de informações entre ambientes de cuidados de saúde, permitindo a coordenação dos cuidados, a continuidade dos cuidados e a participação dos pacientes.

- **Validação clínica e requisitos de provas**: As estruturas regulamentares para a IA nos cuidados de saúde enfatizam a importância de uma validação clínica rigorosa, avaliações baseadas em evidências e estudos de validação no mundo real para demonstrar a segurança, a eficácia e a utilidade clínica das soluções de cuidados de saúde orientadas para a IA. As agências reguladoras exigem que os fabricantes realizem ensaios clínicos, estudos de validação e avaliações de desempenho para avaliar a precisão, a fiabilidade e o impacto clínico dos algoritmos de IA em diversas populações de pacientes e contextos clínicos.

- **Vigilância e monitorização pós-comercialização**: As agências reguladoras exigem programas de vigilância pós-comercialização, sistemas de notificação de eventos adversos e sistemas de gestão da qualidade para monitorizar a segurança, o desempenho e a eficácia das tecnologias de cuidados de saúde baseadas em IA após a aprovação ou autorização de comercialização. Os fabricantes, os prestadores de cuidados de saúde e as autoridades reguladoras colaboram para identificar e mitigar potenciais riscos, monitorizar eventos adversos e garantir a melhoria e otimização contínuas dos sistemas de IA ao longo do seu ciclo de vida.

- **Avaliação das tecnologias da saúde e políticas de reembolso**: As agências de avaliação das tecnologias da saúde (ATS) avaliam o valor clínico e económico das tecnologias de cuidados de saúde baseadas na IA, avaliam o seu impacto nos resultados dos doentes, nos custos dos cuidados de saúde e na utilização de recursos, e informam as decisões de reembolso dos pagadores, seguradoras e sistemas de cuidados de saúde. Os quadros de ATS consideram avaliações baseadas em provas, análises de eficácia comparativa e avaliações de custo-eficácia para informar as determinações de cobertura, as políticas de reembolso e as decisões de atribuição de recursos de cuidados de saúde.

Em resumo, os quadros regulamentares e as directrizes para a IA nos cuidados de saúde são essenciais para promover a segurança dos doentes, a proteção da privacidade, as normas éticas e as práticas baseadas em provas no desenvolvimento, na implantação e na utilização de tecnologias de cuidados de saúde baseadas na IA. Ao estabelecer vias regulamentares, normas e mecanismos de responsabilização claros, os decisores políticos, as entidades reguladoras e as partes interessadas podem fomentar a inovação, promover a adoção responsável da IA e melhorar a qualidade, a acessibilidade e a acessibilidade económica dos serviços de saúde, salvaguardando simultaneamente os direitos e interesses dos doentes.

Garantir a equidade e a inclusão em soluções de cuidados de saúde baseadas em IA

Garantir a equidade e a inclusão em soluções de cuidados de saúde baseadas em IA é imperativo para abordar as disparidades e garantir que todos os indivíduos, independentemente do estatuto socioeconómico, raça, etnia, género ou localização geográfica, tenham acesso equitativo a cuidados de alta qualidade e recebam tratamentos personalizados adaptados às suas necessidades únicas. Para atingir esse objetivo, várias estratégias-chave devem ser implementadas nas fases de desenvolvimento, implantação e avaliação de soluções de saúde baseadas em IA.

Antes de mais, é essencial dar prioridade à diversidade e à inclusão nos processos de recolha de dados e de desenvolvimento de algoritmos. Os algoritmos de IA dependem fortemente de dados para fazer previsões e recomendações. Portanto, é crucial garantir que os conjuntos de dados usados para treinar modelos de IA sejam diversos, representativos e inclusivos de populações sub-representadas. Isto inclui a recolha de dados de indivíduos de diferentes origens raciais e étnicas, estatutos socioeconómicos, géneros, orientações sexuais, idades e localizações geográficas. Ao incorporar diversos conjuntos de dados, os programadores podem minimizar os enviesamentos e garantir que os modelos de IA produzem resultados equitativos e imparciais em vários grupos demográficos.

Além disso, os esforços para atenuar os preconceitos nos algoritmos de IA devem ser uma prioridade durante o desenvolvimento. Os preconceitos podem manifestar-se de várias formas, incluindo preconceitos raciais, de género e socioeconómicos, que podem levar a disparidades na prestação de cuidados de saúde e nos resultados. Os programadores devem implementar técnicas robustas, como avaliações de equidade algorítmica, ferramentas de deteção de preconceitos e medidas de transparência, para identificar e abordar os preconceitos ao longo do ciclo de vida do desenvolvimento da IA. Além disso, a colaboração interdisciplinar entre cientistas de dados, profissionais de saúde, especialistas em ética e partes interessadas da comunidade pode ajudar a descobrir preconceitos e garantir que as soluções de IA dão prioridade à justiça, transparência e responsabilidade.

Promover a transparência e a responsabilização nas soluções de cuidados de saúde baseadas em IA é também essencial para promover a equidade e a inclusão. Os doentes e os prestadores de cuidados de saúde devem ter acesso a explicações claras e compreensíveis sobre o funcionamento dos algoritmos de IA, incluindo as suas limitações, potenciais enviesamentos e implicações para a tomada de decisões clínicas. Uma comunicação transparente promove a confiança e capacita os indivíduos a tomar decisões informadas sobre os seus cuidados de saúde. Além disso, o estabelecimento de mecanismos de responsabilização, supervisão e recurso é fundamental para resolver casos de discriminação algorítmica, erros ou consequências não intencionais.

Para além da transparência, a incorporação do envolvimento da comunidade e de abordagens participativas pode ajudar a garantir que as soluções de cuidados de saúde baseadas na IA reflectem as diversas necessidades e preferências das comunidades que servem. Envolver as partes interessadas, incluindo doentes, prestadores de cuidados, organizações comunitárias e grupos de defesa, na conceção, implementação e avaliação de intervenções baseadas em IA promove a colaboração, fomenta a competência cultural e promove a capacidade de resposta às necessidades da comunidade. Ao solicitarem contributos de diversas perspectivas, os criadores podem co-criar soluções que sejam inclusivas, acessíveis e que respondam aos desafios e prioridades únicos de diferentes populações.

Por último, a monitorização contínua, a avaliação e a melhoria contínua são essenciais para avaliar o impacto das soluções de cuidados de saúde baseadas na IA na equidade e na inclusão na saúde. Devem ser estabelecidas estruturas de avaliação robustas, métricas de resultados e indicadores de desempenho para medir a eficácia, acessibilidade e equidade das intervenções baseadas em IA em diversas populações. Auditorias regulares, revisões e mecanismos de feedback permitem que as partes interessadas identifiquem disparidades, abordem desigualdades e refinem iterativamente as soluções de IA para melhor atender às necessidades de comunidades carentes e marginalizadas.

Em resumo, garantir a equidade e a inclusão em soluções de cuidados de saúde baseadas em IA requer uma abordagem multifacetada que aborde os preconceitos, promova a transparência, fomente o envolvimento da comunidade e dê prioridade à responsabilização. Ao incorporar princípios de equidade, diversidade e inclusão em todas as fases do ciclo de vida do desenvolvimento da IA, as partes interessadas podem aproveitar o potencial transformador da IA para promover a equidade na saúde, reduzir as disparidades e melhorar os resultados para todos os indivíduos, independentemente da sua origem ou circunstâncias.

Desafios e oportunidades futuros na navegação da ética e regulamentação da IA

A navegação pela ética e regulamentação da IA apresenta um cenário complexo, repleto de desafios e oportunidades, à medida que a sociedade se debate com as implicações éticas, os quadros regulamentares e a implementação responsável da inteligência artificial em vários domínios. Eis os principais desafios e oportunidades futuros na navegação pela ética e regulamentação da IA:

- **Desafios éticos no desenvolvimento da IA**: À medida que as tecnologias de IA continuam a avançar rapidamente, os desafios éticos em torno da transparência algorítmica, da responsabilidade, da justiça e da parcialidade tornam-se mais pronunciados. Os programadores têm de lidar com dilemas éticos complexos relacionados com a privacidade dos dados, a tomada de decisões algorítmicas e os impactos sociais dos sistemas de IA. Para enfrentar estes desafios, é necessária uma colaboração interdisciplinar, quadros éticos e mecanismos de governação transparentes para garantir que as tecnologias de IA defendem os princípios éticos e respeitam os direitos humanos.

- **Estruturas regulamentares e conformidade**: A natureza evolutiva das tecnologias de IA coloca desafios às agências reguladoras encarregadas de supervisionar as aplicações de IA em vários sectores, incluindo cuidados de saúde, finanças, transportes e cibersegurança. Os reguladores devem adaptar as estruturas existentes e desenvolver novas regulamentações para lidar com os riscos emergentes, garantir a proteção do consumidor e promover a inovação, equilibrando a supervisão regulatória com a necessidade de flexibilidade e adaptabilidade diante dos rápidos avanços tecnológicos.

- **Harmonização global das normas de IA**: Com a IA a tornar-se cada vez mais difundida através das fronteiras internacionais, conseguir uma harmonização global das normas e regulamentos de IA representa um desafio significativo. Abordagens regulamentares divergentes, diferenças culturais e considerações geopolíticas complicam os esforços para estabelecer normas uniformes para a governação e conformidade da IA. No entanto, existem oportunidades de colaboração internacional, acordos multilaterais e convergência regulamentar para promover a interoperabilidade, facilitar o comércio e enfrentar os desafios transfronteiriços relacionados com a ética e os regulamentos da IA.

- **Preconceito e equidade nos algoritmos de IA**: A abordagem dos preconceitos algorítmicos e a promoção da equidade nos sistemas de IA continuam a ser desafios constantes para os programadores, decisores políticos e partes interessadas. Os enviesamentos incorporados nos dados de treino, nos processos de decisão algorítmica e nos resultados dos modelos podem perpetuar as desigualdades existentes, exacerbar as disparidades sociais e minar a confiança do público nas tecnologias de IA. A mitigação dos preconceitos requer medidas proactivas, como a representação diversificada na recolha de conjuntos de dados, a transparência algorítmica, as avaliações de equidade e a auditoria algorítmica para identificar e mitigar os preconceitos ao longo do ciclo de vida do desenvolvimento da IA.

- **Responsabilidade e obrigação de prestar contas nos sistemas de IA**: O estabelecimento de linhas claras de responsabilidade e responsabilização para os sistemas de IA coloca desafios em casos de erros algorítmicos, consequências não intencionais ou danos causados por decisões baseadas em IA. Determinar quem é responsável pelas falhas da IA, assegurar o recurso dos indivíduos afectados e atribuir a responsabilidade entre os criadores, os utilizadores e as autoridades reguladoras suscita considerações jurídicas e éticas complexas. Equilibrar a inovação com a responsabilidade requer quadros legais robustos, regimes de responsabilidade e estratégias de gestão de risco para lidar com potenciais danos e garantir que as tecnologias de IA funcionam de forma ética e responsável.

- **Utilização ética da IA em domínios sensíveis**: A utilização ética da IA em domínios sensíveis, como os cuidados de saúde, a justiça penal, a segurança nacional e os serviços sociais, apresenta desafios únicos relacionados com a privacidade, o consentimento, a autonomia e a dignidade humana. As considerações éticas devem orientar o desenvolvimento e a implantação de sistemas de IA nesses domínios para garantir que eles defendam os direitos fundamentais, evitem danos e promovam o bem-estar de indivíduos e comunidades. O envolvimento das partes interessadas, o diálogo público e a supervisão regulamentar são essenciais para navegar nas complexidades éticas das aplicações de IA em contextos sensíveis.

- **Desenvolvimento de capacidades e literacia ética**: Aumentar a literacia ética, a consciencialização e a capacitação entre os programadores, os decisores políticos, os reguladores e os utilizadores finais é fundamental para navegar eficazmente na ética e nos regulamentos da IA. Investir em programas de educação, treinamento e desenvolvimento profissional pode capacitar as partes interessadas a tomar decisões éticas informadas, navegar pelos requisitos regulatórios e promover a inovação responsável da IA. Além disso, a promoção de uma cultura de reflexão ética, pensamento crítico e liderança ética pode promover um ecossistema de IA mais inclusivo, equitativo e eticamente sólido.

Navegar pela ética e regulamentação da IA requer um esforço concertado para abordar dilemas éticos complexos, desafios regulamentares e implicações sociais das tecnologias de IA. Ao promover a transparência, a responsabilidade, a justiça e os princípios de design centrados no ser humano, as partes interessadas podem aproveitar o potencial transformador da IA, mitigando os riscos, salvaguardando os direitos humanos e promovendo a inovação ética da IA em benefício da sociedade como um todo.

BIBLIOGRAFIA

1. Griggs, D. J., Nilsson, M., Stevance, A., & McCollum, D. (2017). *Um guia para as interacções dos ODS: da ciência à implementação*. Conselho Internacional para a Ciência, Paris.

2. Asi, Y. M., & Williams, C. (2018). O papel da saúde digital no progresso em direção ao Objetivo de Desenvolvimento Sustentável (ODS) 3 em populações afetadas por conflitos. *Revista internacional de informática médica, 114*, 114-120.

3. Ordunez, P., & Campbell, N. R. (2016). Para além das oportunidades do ODS 3: o risco para a agenda das DNT. *The Lancet Diabetes & Endocrinology, 4*(1), 15-17.

4. Sundewall, J., & Forsberg, B. C. (2020). Compreender as despesas de saúde para o ODS 3. *The Lancet, 396*(10252), 650-651.

5. Fischer, F., & Carow, F. (2022). Impacto da saúde pública e sustentabilidade da ação global de saúde para alcançar o ODS 3. *Boa saúde e bem-estar*, 111.

6. Alleyne, G., Beaglehole, R., & Bonita, R. (2015). Quantificação das metas para o objetivo de saúde dos ODS. *The Lancet, 385*(9964), 208-209.

7. Lukova, N. V. (2021). *A influência da IA na saúde global e os caminhos para alcançar o ODS 3* (dissertação de doutoramento, Universidade Hamad Bin Khalifa (Qatar)).

8. Stahl, B. C., Schroeder, D., & Rodrigues, R. (2022). IA para o bem e os ODS. Em *Ética da Inteligência Artificial: Case Studies and Options for Addressing Ethical Challenges* (pp. 95-106). Cham: Springer International Publishing.

9. Acheampong, M., Ertem, F. C., Kappler, B., & Neubauer, P. (2017). Em busca do Objetivo de Desenvolvimento Sustentável (ODS) número 7: Os

biocombustíveis serão confiáveis? Renewable and sustainable energy reviews, 75, 927-937.

10. Pradhan, P., Costa, L., Rybski, D., Lucht, W., & Kropp, J. P. (2017). Um estudo sistemático das interações do objetivo de desenvolvimento sustentável (SDG). Earth's Future, 5(11), 1169-1179.

11. AlQattan, N., Acheampong, M., Jaward, F. M., Ertem, F. C., Vijayakumar, N., & Bello, T. (2018). Revisão do potencial das tecnologias Waste-to-Energy (WTE) para os números sete e onze do Objetivo de Desenvolvimento Sustentável (ODS). Renewable Energy Focus, 27, 97-110.

12. Guijarro, F., & Poyatos, J. A. (2018). Conceber um índice de objectivos de desenvolvimento sustentável através de um modelo de programação de objectivos: O caso dos países da UE-28. Sustentabilidade, 10(9), 3167.

Printed by Books on Demand GmbH, Norderstedt / Germany